U0361496

Napoleon Never Slept

How Great Leaders Leverage Social Energy

Randall Collins & Maren McConnell

拿破仑从不睡觉

从耶稣到乔布斯的微观社会学分析

[美] 兰德尔·柯林斯　马伦·麦康奈尔　著

史耕山　张尚莲　译

著作权合同登记号　图字：01-2018-3215

图书在版编目（CIP）数据

拿破仑从不睡觉：从耶稣到乔布斯的微观社会学分析 /（美）兰德尔·柯林斯（Randall Collins），（美）马伦·麦康奈尔（Maren McConnell）著；史耕山，张尚莲译 . —北京：北京大学出版社，2019.6

ISBN 978-7-301-30393-1

Ⅰ . ①拿… Ⅱ . ①兰… ②马… ③史… ④张… Ⅲ . ① 成功心理 – 通俗读物 Ⅳ . ① B848.4–49

中国版本图书馆 CIP 数据核字（2019）第 041648 号

Napoleon Never Slept：How Great Leaders Leverage Social Energy
Randall Collins & Maren McConnell
Copyright © 2018 by Randall Collins & Maren McConnell
All rights reserved.
本书中文简体字翻译版由 Maren Ink 公司授权北京大学出版社在全球出版发行。

书　　名　拿破仑从不睡觉：从耶稣到乔布斯的微观社会学分析
NAPOLUN CONGBU SHUIJIAO：CONG YESU DAO QIAOBUSI DE WEIGUAN SHEHUIXUE FENXI
著作责任者　[美] 兰德尔·柯林斯（Randall Collins）[美] 马伦·麦康奈尔（Maren McConnell） 著　史耕山 张尚莲　译
责任编辑　徐文宁　于海冰
标准书号　ISBN 978-7-301-30393-1
出版发行　北京大学出版社
地　　址　北京市海淀区成府路 205 号　100871
网　　址　http://www.pup.cn　新浪微博：@ 北京大学出版社　@ 培文图书
电子信箱　pkupw@qq.com
电　　话　邮购部 010-62752015　发行部 010-62750672　编辑部 010-62750112
印 刷 者　天津光之彩印刷有限公司
经 销 者　新华书店
880 毫米 ×1230 毫米　32 开本　9 印张　150 千字
2019 年 6 月第 1 版　2019 年 6 月第 1 次印刷
定　　价：68.00 元（精装）

未经许可，不得以任何方式复制或抄袭本书之部分或全部内容。

版权所有，侵权必究

举报电话：010-62752024　电子信箱：fd@pup.pku.edu.cn

图书如有印装质量问题，请与出版部联系，电话：010-62756370

目　录

成功是一种释放高情感能量的历程

（代前言）

历史上非常成功的人都有一个共同之处，那就是，他们的精力异常充沛。

即便在法国太平无事时，拿破仑每晚也只睡四个小时。待到率军作战时，他更是只随时随地小憩一刻钟，其他时候始终保持清醒，比其他人更早为第二天的行动做好准备。

二战期间，英国首相丘吉尔会在每天下午小睡一会儿，然后便整夜不睡批复急件。贝多芬在作曲时高度专注，经常忘记用餐——当他的厨师第二天在门外发现那些未动过的饭菜时，屋内的贝多芬仍在创作音乐。史蒂夫·乔布斯常常在凌晨与重要人物通电话，或是去他们家中彻夜讨论振奋人心的产品计划。

他们的精力从何而来？大多数人在持续劳作之后都会疲惫不堪。这些成功的历史人物又是如何日复一日年复一年地保持精力充沛的呢？你大可将其归因为这些人有“激情”，但这种现象不可能仅仅通过一个词语来解释。在角逐成功的游戏中，优胜者为何不像大多数人那样精疲力竭？

他们胜于常人的精力并不只是来自喊口号。“加倍努力！”（Always try harder!）“永不放弃！”（Never give up!）“相信自己！”（Believe in yourself!）这些口号的渊源可以追溯到古罗马时期，几千年过去了，今天的体育教练们仍在使用这些口号来鼓励运动员们奋勇争先。从古到今，无数人试图通过喊口号来激励自己，但却只有少数人取得了很高的成就。在足球赛中，赢家和输家喊的口号并无二致。因此，如果脱离了取得成功的真正技巧，那么喊口号与空泛的广告宣传并无不同。

没有任何证据表明，拿破仑、亚历山大大帝、恺撒大帝和乔布斯等人也曾重复过这些“咒语”。那么他们又是如何激励自己的呢？

优秀领导者和人生赢家能够激励他们身边的人，并反过来从后者身上汲取能量。他们是技艺高超的社交大师。

无论是在大型会议还是在简短的会谈中，他们都能释放出自身的情感能量。

什么是情感能量（emotional energy, EE）？高情感能量是一种强化了的情感，身体和精神都会感到异常兴奋。情感能量高的人在工作时信心满满，积极主动。他们会不断前进，他们能找到一条通往目标的道路并引领他人一同为之奋斗。

情感能量可高可低。某些社交活动能够提升人们的情感能量，而另一些社交活动则会让人们的能量丧失殆尽。情感能量低的人行事犹豫不决、消极被动，甚至感到抑郁、沮丧。他们在工作时很快就会失去热情并很容易感到疲惫。

杰出的领导者能让他们参与的社交活动迸发出高情感能量。同时，他们还会避免参加那些会消解情感能量的活动。

在社交活动中，有哪些因素能强化情感能量呢？寻找它们的最好办法，就是将其与消解情感能量的因素加以对比。

魅力型领导能够帮助人们集中注意力。他们让大家专注于同一件事。他们会建立一个积极的反馈循环，也即让身处同一团队中的人们产生一种共享情感；情感越强烈，成员们就越能协调一致，专注度也就越高。反过来，专注度越高，这种共享情感也就越能激发团队成员的能量。

诚然，我们能通过向人们发表激动人心的演讲来产生共享情感，但除此以外也还有其他实现方式。恺撒大帝和拿破仑都善于向人们传递“冷静的自信心”，让众人能在重压下保持理智。乔布斯经常通过挖苦其团队的工作质量来强化团队成员的注意力，但这只是集中众人注意力的初始情感。随着成员们热烈而充分地讨论产品细节，进而共同找到一条提高产品质量之路，乔布斯的情感羞辱也就演变成为一种协调团队的方法。无论你利用何种情感，关键是要让团队成员将其共享，并使其内化为共享的力量和实现目标的途径。

而拿破仑几乎从不睡觉的秘密又是什么？乔布斯又为何能整夜工作呢？这是因为，他们两个人不但能够激励团队成员，还能从中汲取能量。

这是另一个关键的反馈循环。在整个团队都处于高度专注的状态时，不但其成员能够获得情感能量，而且受关注度最高的团队领导也相应收获了最多的能量。由于拿破仑和乔布斯经常参与这类高质量的社交互动，他们也就能源源不断地补充积极情感能量。他们两个人在工作和运营团队的过程中收获快感，他们能量满满，完全无须睡眠；而在清醒时振奋人心的成果更是让他们困意全无。拿破仑长期处于高度戒备状态。即使睡眠很少，他也不会犯那些长期睡眠不足之人所犯的错误。反而是在莫斯科期间，他因为睡眠过多而铸成大错。

几乎所有大型机构的领导都非常繁忙，他们马不停蹄地出现在一个又一个会议之上。有些领导能通过会议补充能量，而另一些领导则因此而精疲力竭。想要找到造成这种差异的原因，关键就要看他们在微观互动（micro-interactions）中是获得还是失去了情感能量。

领导们的能量高低也会受到更大的人际网络的影响。而与他人的交往则是构成人际网络的纽带。要想铸就成功，有几种网络必不可少。例如，当然要发展一批追随者，他们会构成你团队中最亲密的网络。但也有一些人际网络是十分危险的，它们远离你的安全区以及与之匹配的社会信任氛围（在这里所有的决定都心平气和地通过协商来进行）；它们之所以危险，是因为双方在交换重要信息时要冒很大风险——这些信息有可能被对方窃取，或者被对方用来对付自己。

我们将会在本书中看到，那些杰出领导者们是如何通过“情感支配”（emotional domination，EDOM）的社交技巧来处理危险人际网络的。“情感能量”和“情感支配”都是获得辉煌成就的关键因素。“情感支配”是赢得一场战斗的重要因素，这一点在我们后面的军事案例中一望而知；同时，它也是影响商业成败的关键因素。

再伟大的成功故事也都会经历低潮。我们可以从这些经历中吸取经验教训，看看人们是如何丢失情感能量的（即获取情感能量的对立面）。我们将会看到，尽管乔布斯拥有强大的情感支配力，但比尔·盖茨仍有办法采取一种与之迥异的情感来进行应对，避免被乔布斯控制。

下文将会讲述那些杰出领导者们是如何东山再起的，例如，拿破仑在他的一生中就曾数次大起大落。这些失败的故事应当激励我们前行，因为它们告诉了我们一个道理：成功并非与生俱来，只有努力拼搏方能有所收获。乔布斯、拿破仑、亚历山大大帝都品尝过失利的苦果。不同的是，乔布斯和拿破仑通过值得推崇的方法东山再起，而亚历山大则始终无法克服他领导方式中的致命弱点，最后也因此殒命。从他们面对失败时采取的不同处理方式中，我们同样能够受益匪浅。

本书主要分为三个部分，先后剖析了乔布斯、拿破仑和亚历山大大帝创立伟业的人生故事。书中还通过“经典案例”这一专栏，穿插讲述了其他成功历史人物一生中的关键事件。下文中会讲到恺撒大帝是如何在恰当时机以恰当口吻对军队发表兵变演说的，以及他是如何通过仔细观察战争第一阶段的战况来制定第二阶段的战略，从而创造出军队的不败神话的。从这些故事中我们不难发现，杰出领导者都对身边微小的细节观察得细致入微，并能从其中决定成败的关键点切入。这也是伟人们普遍斗志高昂的另一个原因：对他们来说，任何事情都是有意义的，在找到通向未来的路径后，即便微小的细节也足以激励他们奋勇向前。

书中还会讲到山姆·沃尔顿（Sam Walton）在阿肯色州乡下创立沃尔玛的故事，山姆与其他非常成功的人士遵循着相同的策略，即先成立一个小公司来面对微弱竞争，待其适应后再进入激烈而残酷的市场竞争。我们将会揭开天才神秘的面纱，探究一个人是如何通过学习外行人一无所知的技巧而成为“天才”的。

我们将会了解到运气的诀窍（不仅仅是加倍努力）。

书中还会讲述众多成功人士从青年时期就开始学习这类技巧的原因，以及为什么如今这个充斥着官僚主义和高学历“人才”的世界，会成为掌握这些技巧的阻碍。

书中会告诉我们不同性格的人如何通过自己的方式取得成功。亚历山大大帝不但有万夫不当之勇，还有很高的寻找最佳战机的洞察力。霍华德·修斯（Howard Hughes）在一个个奢华派对之间流连忘返，但他同样如痴如醉于航空业的尖端科技。一个沉默寡言的法国人成立一家小保险公司，却能通过一系列收购让它成为世界上首屈一指的保险业巨头。我们甚至还研究了耶稣招募门徒的过程，他敏锐地观察能揭露人们真实想法的细节，从而知晓招募哪些人只会单纯地浪费时间和能量。杰出领导者在工作时情感各异，但他们拥有的关键品质却非常相似，即对人和时机敏锐的洞察力、社会调节力、情感能量，以及在必要时的情感支配力。

我们将会发掘成功人士与人互动时使用的核心技巧，及其建立人际网络的方式，进而分析出其成功的原因。本书并不是要传授你具体做法（如何行动的口号），而是要帮你找到获得成功所需的关键因素。

未来还会涌现更多杰出人士，这些模式对他们同样适用。

请注意，你也可能成为其中之一。

第一部分

如何通过情感能量培养成功的人际网络：乔布斯和你

“你做得太差劲了！”乔布斯冲你吼道。这是乔布斯在你加入苹果公司后第一次走进你的办公室。他拿起你正在制作的电子组件，骂道：“你自己看看这玩意儿，丑得就跟抽水马桶似的！”你不服气地辩驳道：“这不过是一块放在产品内部的电路板，又没人会看见。”乔布斯暴跳如雷：“这狗屎玩意儿让别人做就好了！你以为我们是凭什么胜过其他公司的？”

他接着转向小组里的其他人。每个人都目瞪口呆。“你们就是一群没用的废物！”这些人早就见识过这种场面但却还是吓得惊慌失色，他们竭力用手指捂住嘴巴，大气都不敢喘。乔布斯故意走向另一个工作台，拿起一个组件转来转去，从每个角度端详着它。“我们的进度落后太多了，而你们这群笨蛋却还没把活儿干完。”

小组长生气了。“乔布斯，要不是你没完没了地修改产品，我们早就做好了！”乔布斯马上吼了回去。他们两个人之间的争吵很快就演变成一场比拼嗓门的较量。这看上去就像是酒吧里的醉鬼在互相辱骂，不同的是，只有电子工程师能听懂他们咒骂的内容。

“欢迎来到苹果公司。”你自言自语道。你和其他人围成一个松散的圈子，看着乔布斯和小组长吼来吼去。此时大家的神态也已放松下来。有人冲你耸耸肩，你则回以一个微笑。

突然，乔布斯停止了吼叫。他转过身来，把他的想法画在了墙上的白板上。“我们得这么干，所有工作下周一前必须完成。”有人说道：“别担心，乔布斯，这轻而易举，我们上周末都是在这儿睡的。”

小组长朝白板上挥了挥手：“这话我都跟你说了几个星期了，乔布斯。”

乔布斯十分庄重地环顾着小组成员：“你们真的很棒。接下来三个晚上，你们将会创造历史。”

［这个故事是沃尔特·艾萨克森（Walter Isaacson）所著《史蒂夫·乔布斯传》（2011年版，后面简称《乔布斯传》）中的典型案例。］

1

你身体里的情感能量

乔布斯是拥有高情感能量的典型。

他是那种历史上偶然出现并且改变历史的怪人吗？还是人人都能像他一样伟大？

答案是后者。我们可以从细节中一窥端倪。

·情感能量“温度计”

类似于气温的升降，情感能量的高低也能通过“温度计”来表示。情感能量“温度计”有三种测量维度。

维度一：身体和精神感受

要了解自己的情感能量水平，最简单的办法就是考察你身体的感受。你是感到身强体健、精神焕发？还是感到精疲力竭、虚弱不堪？抑或只是慵懒而已？

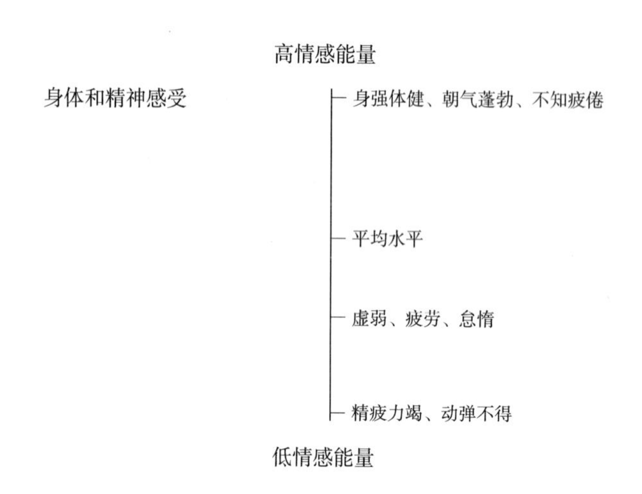

情感能量不仅是一种身体能量，而且是一种精神能量，它会同时作用于你的肌肉生理系统和神经系统。当你拥有充沛的情感能量时，即使在安静地坐着，几乎不动用肌肉力量时，你也能在工作中感到精力充沛、不知疲倦。而类似体育比赛这类活动，在调动大量肌肉力量的同时也需要精神力量的支撑，精神力量的强大会让你感觉健步如飞，反之则会让你感到腿脚沉重，像在流沙中一般抬不起腿。通常情况下，身体和精神的情感能量是同时升高或降低的。

维度二：轨迹

这次我们换种方法来测量情感能量。“轨迹”是一种定下

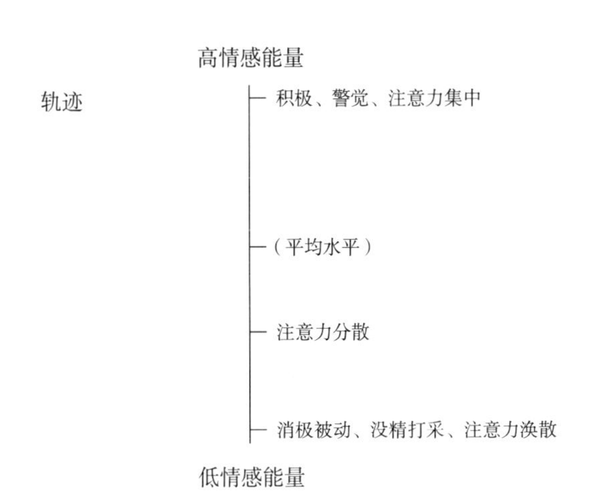

目标后每时每刻都朝着目标前进的状态。

处于情感能量最高等级的人对环境变化极其敏锐，他们在学习新鲜和有前途的事物的同时，也会主动补齐阻碍自己发展的短板，而非只像蛮牛般闷头向前冲。

反之，情感能量低的人则是消极被动，精神涣散。无论是对他人还是对自己，他们都显得枯燥乏味。

在情感能量“温度计”中，介于“最高温”和“最低温”之间的区域是中间状态。当情感能量处于中间点时，你可能根本不会去留意自己的感受。对大多数人而言，他们多数时间内都感觉正常，既不亢奋也不懒散，一切都顺其自然。

维度三：社会心态[1]

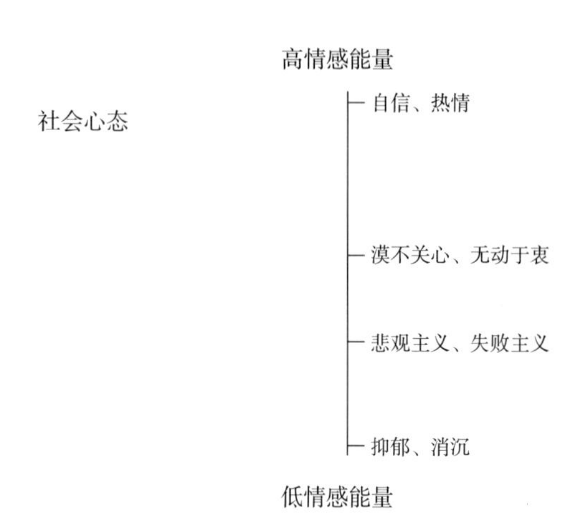

这个“情感能量等级表”是你对潜在工作环境中同事们的期望。你会在有意无意中感知到他们能否帮助你取得成功。

情感能量高的人对自己充满信心。他们认为自己有能力应对成功路上的对手——要么把他们争取到自己的阵营，要么就在对手给自己制造麻烦时战胜他们。

情感能量低的人则正好相反。他们怀疑自己的能力，不知道自己能不能应付得了对手。他们忧心忡忡，未战先怯，预料到自己会输给对方。身处“温度计”最底端的人甚至会避免和任何人打交道。

---

[1] 社会心态（social mood），又译“社会心境”“社会情绪”“大众心态”；这是一种强度较弱、持续时间较长且具有感染性的社会群体情绪状态，它往往会在较长时间内影响群体成员的言行。——译注

情感能量高的人充满自信，其外在表现是热情。他们乐观向上，情绪高昂，在鼓舞自己的同时也能让身边人感到振奋。

反过来，情感能量低的人则表现为抑郁和消沉。他们让自己和周围的人都感到沮丧和压抑。这些人是能量消耗者。

而高情感能量的人则是能量获取者，每个接近他们的人都能从中汲取情感能量。

对同一个人来说，无论采取哪种测量方法，情感能量“温度计”的读数都几乎保持一致。这是因为与他人的接触会以同样的方式对这三个方面产生影响。

·乔布斯能影响每个人的情感能量

现在，假设你就是那位第一次与乔布斯会面的工程师。在刚才的过程中，你的情感能量值会发生什么变化呢？起初，你整个人都被骂得目瞪口呆、动弹不得。你试着解释却被打断，在气势上完全被他盖过。然后你发现周围的人似乎也面临着同样的窘境。正当状况变得越来越糟时，转机出现了。乔布斯与小组长之间的吼叫比赛转移了大家的注意力，你开始感觉自己就像是台下的观众一样在欣赏一场重量级拳击赛。你和其他人交换了一下眼神，在有些怪异的团结一致中会心一笑。你觉得自己不再是孤身一人，而是成为团队的一员。

乔布斯的辱骂并未击中小组长的要害，就像一名拳击手打了一记空拳。他们以前就有过这样的争吵，看似吵得厉害，但争论的主题却是始终围绕着产品。他们的产品设计出了什么问题？一个问题的解决又会影响到另一个问题的解决。如何才能走出这一困境？答案是让小组长出拳。于是他一拳击倒了乔布斯，但却没有将其淘汰出局。之后乔布斯在一刹那间反败为胜。小组长击倒的并非乔布斯，而是困扰他们的问题。既然问题解决了，我们就一起加油完成任务吧！

在这个过程中，你的情感就像坐过山车般大起大落。到最后，你虽然感到有些上气不接下气，却也兴奋不已。和乔布斯一起工作正是这种感觉！

乔布斯身上具有高情感能量人士的所有特征。

首先，乔布斯不知疲倦。在一场辩论中，只要你还有力气，他就会奉陪到底，直到说服你才肯罢休。虽然他个子不高，体格也不健壮，但是真正的强大并不等同于肌肉发达。

其次，乔布斯的身体同样充满能量。他坐着的时候会收起双腿，脱下鞋子，伸出双脚，看起来没精打采。但他也会突然跳起来，踱来踱去，大步走向白板，比画着他刚写上去的东西。

有时，他也会一动不动地看着发言的人，或是在其他人期待得到回答时默不作声，直到这种沉默开始让人觉得不舒服。

大部分时间他都任由能量涌动，但若能带来好处的话，他也可以控制自己的情感能量。

在参与长期谈判或计划会议时，他喜欢的结束方式是同他最强大的对手进行一次长时间散步。悠长而随性的散步既能让彼此心旷神怡，也能让两人的关系从死对头变成好搭档。上文中的故事也是如此，乔布斯与小组长之间充满争议的吼叫比赛最终演变成为和谐一致的谈话，而且最后双方往往会决心共同前进。乔布斯是掌控他人身体节奏的大师。

他能提升他人的能量，也知道如何使能量冷却下来：并非降低到低能量的水平，而是适当降低来帮助他人找到一种安静稳定的节奏，让个人性格发挥作用。乔布斯很擅长赋予那些戏剧性的场面一个完美的结局。

就像拿破仑一样，乔布斯丝毫不需要睡眠。一旦有了新的想法，不管是深夜 11 点、凌晨 2 点还是清晨 5 点，他都会立即给工作伙伴打电话。他会在不提前告知的情况下突然来到同事家中享用晚餐，一直待到深夜时分才会离开。乔布斯从不拘泥于仪式，也就是说，他不允许自己的生活被按时工作按时休息这样的惯例所束缚。乔布斯很可能会说：“循规蹈矩的人创造不出任何新东西。”

是啊，如果情感能量足够充沛，谁还需要睡觉呢？

经典
案例

一名马拉松教练建议赛前不要睡觉

“如果你是第一次参加马拉松比赛，”教练说道，“你可能会在比赛前一晚彻夜难眠。别担心。你认为睡眠不足会让你在比赛时精疲力竭。事实上正相反，你失眠的原因恰恰是因为你的能量过于充沛。放开跑吧。”

拉菲特·平坎（Laffit Pincay）也表达了同样的观点，这位在赛马场上取得全胜战绩的骑手说：“我从来不会因为睡眠不足而痛苦。我每天早上5点起床后就不再睡了，这丝毫没有困扰到我。我不知道为什么人们总说你需要好好睡一觉。我就不需要，我总是感到精力充沛，所以整个晚上我都花在看书和看电视上。如果退役的时候到了，我的身体会告诉我的。”拉菲特·平坎一生总共获奖9530次，大满贯总胜场世界排名第二，这就是他如此亢奋的原因之一。获胜的感觉比睡觉更美好。

2

团队中的情感能量：集体兴奋

乔布斯的首次亮相是在1984年1月召开的苹果股东大会上。那天会场里人头攒动，有近3000人赶来观看乔布斯的首秀。每个人都在热切地讨论着两天前在“超级碗”（美国橄榄球超级杯大赛）期间播出的由苹果公司制作的电视广告。台上灯光渐暗，乔布斯开始抨击他们强大的竞争对手IBM（国际商业机器公司）。英国小说家乔治·奥威尔（George Orwell）曾预测说，到1984年，世界将会被一个无处不在的独裁者所掌控，我们的一举一动都会遭到电视屏幕的暗中监视。“IBM渴望垄断整个行业，现在它正在把矛头对准它实现垄断的最后一个障碍——苹果公司。”乔布斯拖了个长音，继续说道，“蓝色巨人（IBM公司的绰号）会最终控制整个电脑产业吗？奥威尔的预言会是正确的吗？”（《乔布斯传》第169页）

会场将灯光熄灭，作为当时耗资最高的商业广告，“超级碗”广告开始在俯瞰整个会场的大屏幕上播放：只见令人压抑的黑白画面中呈现出一个类似《银翼杀手》里的未来世界，僵尸般的人们慢吞吞地走着，到处都是监视他们的警察模样的人和所谓的“老大哥”（大屏幕中的独裁者）。突然，一名勇敢的年轻女子从人群中冲了出来，她穿着运动背心和短裤，奋力向屏幕投出一把大锤，大屏幕应声而碎。这时，画面开始变得明亮起来，苹果公司的标志缓缓地出现在画面上。会场沸腾了，观众们全都站起来为乔布斯欢呼喝彩。

随后，乔布斯变戏法般地向观众展示了他新研发的麦金塔电脑。他向电脑里插入了一张软盘，观众们全都紧张地屏住了呼吸，不知道将要发生什么。在 1984 年，个人电脑仍然只能用来显示文字，通常是几行发着磷光的绿色文字映在深色的屏幕背景上。但是，这台麦金塔电脑却能在大显示屏上对图像进行滚动，进行彩色的动态显示，提供可选择的字体组合，以及图片和图表的绘制程序。我们今天使用的电脑程序在那时可谓闻所未闻。展示的最后，乔布斯让“麦金塔”做了一个自我介绍：“大家好，我是麦金塔。”它用电子声音说道，“钻出那个电脑包的感觉可真好啊。”观众们又情不自禁地站了起来，笑声和尖叫声此起彼伏。“显然我能说话，因此我要荣幸地介绍一个人：史蒂夫·乔布斯，他就像我的生父一样。”（《乔布斯传》第 169 页）观众兴奋不已，几乎无法站稳，爆棚的能量让他们又蹦又跳，挥舞着拳头，赞美声一浪高过一浪。这样的节奏持续了将近十分钟后，观众们才渐渐安静下来。

这就是使人产生情感能量最简单和最基本的方式。在微观社会学中，我们称其为节奏诱导模型（rhythmic-entrainment model）。它包括三个主要元素和一个反馈循环：

（1）一群人聚集在同一场所，他们能看到彼此、听到彼此，并能体会到彼此的感受。

（2）他们将其注意力集中在同一件事情上，并且知晓彼此都很专注。

（3）他们有着相同的情绪或情感。

同时具备这三个元素后，人们的情感能量就能得到增强。情感能量提升后，人们会将能量彼此传递。由于我们互相关注彼此的体态、声音、动作，甚至体温，所以我们能够更加强烈地感知到彼此正在经历同一件事。也正因我们把注意力集中在一处，我们的思想才能保持一致。我们知晓，在此时此刻每个人都在思考同一件事情。正是这些时刻开始让人们有了“我们”和“集体”的意识，并创造出集思广益的力量。

（4）对这三个元素的反馈构成了一个循环。更强烈的共同情感促使我们的注意力更加集中，而更集中的注意力也带来了更强烈的情感。

社会学家将其称为“集体兴奋”（collective effervescence）。这就像把一罐冒着泡的苏打水倒入玻璃杯中，经过充分摇晃后，就能让泡沫从杯口溢出。

高度的集体兴奋意味着我们的身体也处在相同的运动状态中。我们正在做的事情可能毫无目的，甚至感觉不像是在工作。出席乔布斯演讲的观众无法安静地坐在座位上，飙升的肾上腺素让他们必须找点事情来做，比如鼓掌。观众的情绪越热烈，也就越能提升彼此的能量。这种积极的反馈循环提升了每个人的情感能量，让我们在相互刺激下分泌了更多肾上腺素。同一个反馈循环把我们的身体联结在一起，驱使我们做出同样的肢体动作。我们之所以会一起鼓掌、喊叫、大笑、挥拳和欢呼雀跃，正是肾上腺素反馈循环的作用。

集体兴奋依赖于恰当的节奏。拍手、喝彩、跳舞、手挽手肩搭肩和一起摇摆，既是我们与他人保持一致的方式，也是彼此团结的象征。与他人步调一致的感觉能大大提升我们的能量。

节奏诱导会对反馈循环进行微调。当彼此身处同一节奏之中，你可以在一瞬间感知对方的想法。当你拍手唱歌时，你知道下一个节拍会落在哪儿，因为你就是那个打节拍的人；你也知道他人何时拍手，因为他们在和你一起打拍子。进入微型节奏之后，你会完全打消对团队未来计划的质疑。你就是创造未来的那个人，你在创造未来的同时未来也成就了你。

成为某“节奏诱导”团队的一员是一种巅峰的人生体验。

人们喜欢到现场观看体育赛事正是为了获得这种体验。待在家里看比赛更省力也更省钱，那么人们为什么还要花大价钱到现场和其他人一同观赛呢？因为相比于在自家观赛的人，置身现场的观众可以通过彼此的身体反馈更有效地建立集体兴奋。集体兴奋感的建立与你支持的球队输赢无关，人们说赢球很重要，主要是因为胜利为人们提供了举办大型庆祝的机会。如果你在比赛的开始阶段就参与了进来，中途也曾和大家一起为精彩时刻呐喊喝彩的话，那么即便你支持的球队落败，这仍会是一段难忘的旅程。

其他大众娱乐项目亦是如此。你可以随时拿出耳机欣赏音乐，但若你在众人努力完成某件事情时自顾自地听歌，音乐就会拉远你与他人的距离。从技术层面看，演唱会这一形式早已陈旧过时，但为何它时至今日仍然广受欢迎呢？因为演唱会真正的卖点并非音乐，而是众人一起欣赏音乐的集体体验，一起随音乐而摇摆的集体快感。音乐再动听、服装再华丽、表演再精彩，都不过是让人们产生高情感能量的道具而已。

在社会生活中，集体兴奋无时无刻不在孕育之中。社会学家最早是在分析宗教集会时发现了这一现象。而政治家在本质上与这些狂热的信徒也并没有什么两样：他们在演讲和集会中产生了极大的热情和使命感。毫不夸张地说，给人们带来强烈感官刺激的事情，大多数都是因为强烈的节奏诱导。

注意：集体兴奋的有效期很短

在集体兴奋感出现时，它能给人们带来极其强烈的刺激，让人们觉得自己不可阻挡。但飙升的肾上腺素往往会在半个小时乃至更短的时间内消退，心理上的余热也会在几天到几周内逐渐消失。这就是为什么对某种事情的高度热爱依赖于不断地重复练习。因此，教会才会定期举行教堂仪式——每周一次的频率基本能够维持信徒对其所信奉宗教的持续虔诚，但这只算达到了平均程度的热情。想要达到像乔布斯那样高度的热情，则需要更频繁的乃至每天都会产生的集体兴奋感来维持。

3

高融洽度提升
情感能量，低融洽度降低情感能量

这一模式适用于任何形式的社会互动。它适用于从最小到最大的所有规模的团队。聚在一起的两个人非常可能专注于同一事物，并把共同情感提升到强烈的节奏诱导高度。人们说自己与某人合拍或不合拍，就是这个意思。

关键点：拥有高情感能量的人会更多地去参与成功的、能提升能量的互动，而较少会去参加消解情感能量的社会互动。

他们是如何鉴别这两类互动的呢?

二者的区别在于细节。帮助提升情感能量的要素越完备，情感能量也就越强。

同时集中注意力：留意对方发出的信号，不但要关注他们所说的内容，更要关注他们的说话方式、面部表情和肢体动作。也就是说，你要通过这些信号来了解他们从哪里来，并解读其话语中的深层含义。

成功的互动是双向的。你不仅要关注对方，还要确保他们同样在关注你。而且真正成功的社会互动还有另一层含义：双方都知道对方在关注自己。成功的互动就像一条双向马路，人们不但在上面行驶，还会从立交桥上关注着下方的交通状况。

乔布斯以其稳定持续、从不眨眼的凝视方式而闻名。他会在别人发言时直勾勾地盯着对方，这不免会让人感到有些紧张。虽然我们也常常进行眼神交流，但都会偶尔移开目光，在激烈的眼神交流中给对方留出缓冲的空间，但乔布斯则不会这样。乔布斯在和苹果公司员工谈话时显得尤为吓人，因为他在凝视员工时不会辅以表示友好姿态的点头或微笑。

不过，乔布斯非常擅长从这类互动中汲取情感能量。虽然他的凝视不一定向对方传达出友好的信息，但却能将互相之间的关注度提升到很高水平。你全神贯注于他的话语，他同样专心倾听你的发言。与乔布斯成功合作的方式就是给予他回应，尽一切可能和他一样专注。如果做到了这一点，你们的会面就有可能激发彼此产生高情感能量。

共享情感：情感上同舟共济。假如在相处过程中你感到愤怒而对方感到恐惧，那么除了对方可能遭到情绪攻击外，不会产生任何好结果，这完全是一个失败的组合。在相处中，双方的情感可能不会如此充满戏剧性，但是只要有分歧存在，二人间的互动就很难激发出情感能量。在双方情感不能达成一致的情况下，是否将不满情绪公开表露并不重要，隐藏或压抑其真实情感的人仍会给互动制造障碍，让这一互动无法走向和谐。

通常情况下，成功的互动需要从分享易于传递的强烈情感开始。它并不一定是积极的情感。非常强烈的负面情绪（如悲痛）也能使成员关系变得更加融洽。正因如此，参加葬礼才能成为一次感人至深的经历——即使对那些平时很少掉眼泪的硬汉们，尤其是平日里把死亡作为最强共同关注点的士兵、警察或“地狱天使”（美国一个摩托车俱乐部成员）们来说，葬礼同样令人感伤。其他强烈情感（如恐惧）则会让人们变得更加团结，就像人们通常在大难临头和紧要关头时所做的那样。愤怒也能做到这一点，特别是在团队成员全部对某外部人员火冒三丈的时候——这在政治领域是最常出现的情感之一。

乔布斯使用的经典技巧就是激起他人的怒火或恐惧。他那粗俗的辱骂也确实收到了成效：在互动开始时先来一个突然袭击，瞬间就会吸引所有人的注意力。事实上，乔布斯喜欢羞辱的恰恰是团队中他欣赏的或同他工作联系十分紧密的人。对于外部人员，如谈判对象，他则倾向于采取相反的做法，以谦卑的态度示人，直到从他们身上挖出他想要的信息。

这一技巧十分有效，因为高度集中注意力的互动在一段时间内（几分钟或更长）都是动态的、可变的。乔布斯可能会在互动开始时侮辱对方，但只要双方都能保持专注，侮辱和戏谑就会转化成其他情感。

反馈循环：建立节奏诱导。在互动的开始阶段就建立共同的节奏。在体会自己节奏的同时预测他人的节奏，并将两种节奏相互融合。如果能够实现这一点，初始的情感就会发生转化。初始情感既可以是对敌人的恐惧，也可以是对困难的担忧；既可以是愤怒，也可以是喜悦。具体是哪一种情感并不重要，关键是要将这种初始情感转化成集体兴奋：即摆脱个人情感，形成共享情感。而这又会产生另一个层面的情感：团结——相互依附的团队感；以及情感能量——每个人都感到精力充沛。

正因具备坚忍不拔的品质，乔布斯才得以成为创造情感能量的专家。他的确把员工骂得狗血淋头，但却并未在辱骂完后就扬长而去。乔布斯会看着他们的眼睛，专心听取他们的辩解。他给了员工机会，让他们赶上自己的步伐——乔布斯要求员工们和他步调一致。愤怒只不过是实现这个目的的技巧而已，特别是在为了让工作顺利推进的时候。他用自己的能量激发了他人的能量，让他们集中精神，然后所有人“咔哒”一下就进入了共同的节奏中。强烈情感只是“情感转换器”的一个元素，目的是将其转化为情感能量。

4

消解能量的人和环境

低融洽度会消耗情感能量。

并非所有［社交］互动都会成功。很多互动都只是普通的社交活动而已，既不会消耗也不会增加你的情感能量。你不过是与他人正常相处，例行公事般地过日子。这并没有什么错；实际上，大多数人际关系都是这样维持的，大多数公司也是这样运作的。但是，伟大的公司和成功的职业生涯却并非如此。乔布斯对循规蹈矩的做法痛恨至极。

有些互动比这还要糟糕。它们会损害人际关系，或是让一个公司开始走下坡路。互动失败的原因在于以下因素。

没有共同关注点。人们在相聚时没有关注同一件事，也没有关注彼此。这种情况很容易察觉。例如，那些虽然进了你的办公室，但却对你说的话充耳不闻，不耐烦地看向门口的人；在某人发言时查看电子邮件的人；以及在派对上与你交谈时不断左顾右盼的友人。针对快速约会（speed-dating）的研究发现，双方未进入同一节奏的标志是不断提出问题。良好的交谈可能会以提问开始（例如询问你从事什么工作），但因你们都专注于同一个感兴趣的话题，双方很快就会你来我往聊得火热。

人们不关注彼此的原因众多。除了其他原因之外，他们可能只是单纯地不想关注对方。但无论是出于何种原因，如果双方不能同时集中注意力的话，那么情感能量就无法产生，互动也就宣告失败。注意力涣散的时间越长，对互动的负面影响就会越大。

缺乏共同情感。有些时候人与人之间确实难以相处。做事严肃认真的人是无法与一名嘻嘻哈哈的男人或絮絮叨叨的女人和睦相处的。政治立场截然不同的人们常会因为彼此立场冲突的公共事件而情绪激动，若是不避开这些话题的话，双方很可能难以交流。这类性格不搭的［社交］互动不会给你带来任何好处，但因相处时间短，它们并不会消耗过多的情感能量。这样的人至多也就是成为你的拖累，例如晚宴上坐在你身边与你格格不入的同伴。

真正会让能量耗竭的互动，是那种空有形式却欠缺内容的互动。你被迫和他人进行礼貌的对话，虽然交谈的主题索然无味，但却不得不把谈话进行下去。社会学家将这类对话称为“受迫性仪式”（forced rituals），例如公司聚餐和学校毕业典礼。这类仪式的本意是召集大家庆祝意义深远的事件，或是增进团队团结，但结果却往往是事与愿违，仪式最后显得既平淡又空洞。这类仪式其实还不如不办，因为它不但消耗了众人的情感能量，还降低了大家的信心和热情。

比“受迫性仪式”更糟糕的是虚假仪式。在某个团队中，你尽了最大努力想要积极向上；你热情地和他人交流，大笑着回应别人的玩笑，尽一切努力去适应新环境。但若所有努力都没能成为自然、无意识的行为，互动就会变得举步维艰。在进行了一整天虚假互动后，你最终会进入一种被称作“互动疲劳”（interaction fatigue）的状态。这种状态常见于某人完成一连串的工作面试后。因而，如果鼓舞士气的讲话只是让团队成员感到厌烦的话，它就是完全失败的。

我们有没有好的办法去应对这类消耗能量的互动呢？乔布斯有一个技巧。作为鉴别虚假仪式的专家，乔布斯能说出工程师何时在诡辩，他知道这些工程师只想守着现有的技术成就，不想再有任何新的尝试。如果他察觉到工程师真正了解其陈述的内容，他会尊重他们并助力其研究。乔布斯本人并不是工程师，对相关领域的了解也并不深刻。但是，他能通过阅读他们说话时的语气和行为举止，来找到真正重要的信息。乔布斯团队中的人往往都比他更专业，但乔布斯能说出他们何时在隐瞒自己的信心不足，并知道他们何时在用无法完成的事情敷衍他，因为他们拿不出具体解决方案。他自身拥有的强大的微观洞察力，使他能够通过极其诚实而简洁的方法去管理员工。

同时，这也有助于让乔布斯维持自身的情感能量。他从不采取毫无意义的防御策略或者是硬撑场面。如果感到对方没有认真跟上他的节奏，他会直接终止双方的交流。用乔布斯自己的话来说就是，他不喜欢自己身边有“笨蛋”存在。这里所说的“笨蛋”与才智和专业能力都无关，而关键在于此人的沟通方式。乔布斯不希望他的身边有“能量消耗者”。

5

那些看似精力充沛却把事情搞砸的人是什么样子的?

有些人工作时肢体动作很多，粗声大气，虽然可能消耗了大量肌肉力量，但结果却是在做无用功。从某种形式上来说，他们与高情感能量人群有相似之处，但因其能量紊乱无序，最后反而阻碍了其自身发展。成功的高情感能量人士与这类人的不同之处在于第四个层面，即能量是否具有节奏和同步性。

· 情感能量的第四个方面：节奏 / 同步性

高情感能量人士富有节奏感。他们的行动四平八稳，轻松流畅。他们享受自己的节奏，如同作曲家热爱自己的旋律一般。如果你能将这种节奏传递给他人，你便能成为他们的领导者。

观察下图中的弧线，能量虽在不断攀升，但却始终与节奏脱节。在顶点位置，一个处于狂怒中的人完全无法控制自己的

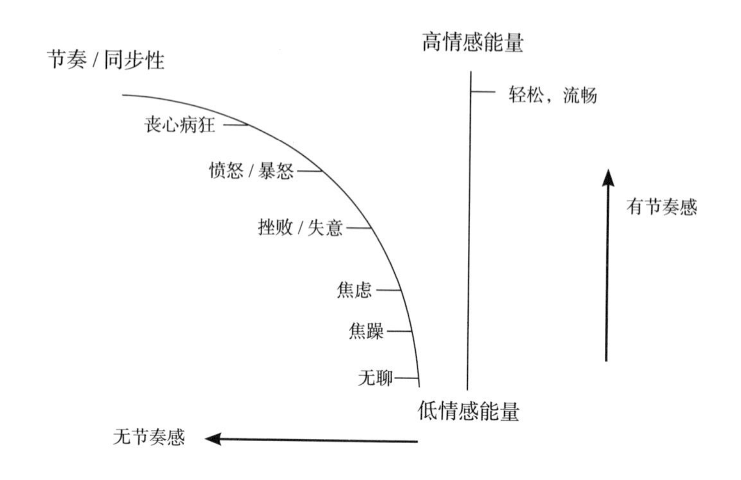

行为，他只会四处打架斗殴来宣泄情绪。无论会产生何种恶果，他都已经失去了对目标的专注力，肾上腺素也已耗尽。而你若处于“无节奏感”的弧线下方位置，则只是在不受控制地浪费动能。烦躁不安的情绪状态预示着你的能量虽已被激发出来，但手头工作却无法满足你高涨的热情。在弧线最底端，一个人表现出的是无聊乏味的情绪，这与纯粹的消极、沮丧和抑郁情绪有所不同，因为“无聊乏味”表明你的大脑或身体本质上是想做事的，只是陷入了困境。

当你身处“无节奏感”的弧线中时，你的节奏是与其他人脱节的。一个节奏脱节的人会比抑郁消沉之人给团队带来更大的破坏力。他们不但会让周围的人情绪低落，还会扰乱他人的能量，将其卷入毫无意义的旋涡中。

6

情感支配

乔布斯试图从乔治·卢卡斯手中收购皮克斯动画工作室的电脑动画部门。卢卡斯曾是系列科幻电影《星球大战》的导演，由于身陷离婚的窘境而急需用钱。但卢卡斯电影公司的首席财务官认为乔布斯出价过低，而且皮克斯领导层希望尽量保持公司的独立性，不想其为乔布斯所掌控。于是他们想出了一个对策：在召开会议时，让首席财务官有意晚到一会儿，这样其他人都要恭候他的到来，大家也就能知道谁才是公司真正的老大。然而，乔布斯和皮克斯其他高层却是准时到会，径自开始了会议。等到首席财务官终于姗姗来迟时，甚至没有人注意到他，因为所有人的注意力都被乔布斯所吸引。最终，收购顺利进行，而首席财务官则自始至终都插不上话。

这是情感支配力的一个范例。下面是另一个例子：

1997 年 1 月，乔布斯同意回归苹果公司，公司授予了他一个不明确的职位，希望他能帮助公司重塑辉煌。当数字世界博览会（Macworld exposition，苹果及其周边产品与服务的年度评选活动）在旧金山酒店举办时，宴会厅里挤满了4000多人，大家都想一睹乔布斯的风采。苹果公司首席执行官吉尔·阿梅里奥（Gil Amelio）走上讲台，试图发表一番鼓舞士气的讲话。但他长达两个小时的演讲让每个人都感到烦躁不安。阿梅里奥的演讲平淡乏味，毫无节奏感，还常常忘词。显然，他对这样的场合感到不适。最后，他终于做了所有人一直期待的事情——向观众介绍乔布斯和史蒂夫·沃兹尼亚克（Steve Wozniak）两位创始人。观众们起立鼓掌，向二人表示欢迎。乔布斯只简短地讲了几句话，阿梅里奥就像宣示主权般地回到了台上，又发表了一番长达一个小时的冗长演讲。

演讲结束后，阿梅里奥邀请乔布斯和沃兹尼亚克回到台上，他想举起他们的双手来共同摆出一个胜利的姿势。虽然观众们热情很高，但乔布斯却只是双手插兜站在边上而不肯走到舞台中央，阿梅里奥不得已只好拥抱了沃兹尼亚克。乔布斯的肢体语言预示了即将发生的狂风骤雨——乔布斯回来了，而他则绝不会甘当配角。

六个月的时间转瞬即逝。

董事会刚刚决定由乔布斯取代阿梅里奥成为新任CEO。不到一周时间，乔布斯便召集董事会召开电话会议。由于资金运转困难，苹果公司正在流失自己最优秀的员工。为了挽留他们，乔布斯想要重新定价这些员工持有的股票期权。董事会表示他们需要两个月时间来研究这一决议将会导致的法律和财务方面的后果。“你们疯了吗？！”乔布斯暴跳如雷。沉默良久后他继续说道：“伙计们，如果你们不通过这项决议，那我下周一就不来上班了，因为我还有一大把至关重要的决策需要推出，而且它们远比这个困难。如果你们不在这种细节问题上支持我，我们就会功亏一篑。所以如果你们做不到这一点，我将引咎辞职。”

第二天，董事长致电乔布斯，告诉他董事会已经批准了他的提议。在这件小事上取得的成功赋予乔布斯巨大的动力，他迅速抓住了这个机会，进而要求解散整个董事会。“公司目前的状况一片混乱，我没有时间像奶妈一样养着这样一个董事会。所以我要求你们全体辞职，否则递交辞呈的就是我，下周一我就不会再来了。”（《乔布斯传》第318—319页）

乔布斯寻求完全的情感支配，并最终也达成了他的愿望。想要实现完全的情感支配需要一定的技巧：例如，他向董事长表示他是其唯一希望留在公司的人，并想让公司的高精尖人才留在其身边。他非常了解董事会成员，而且也明白董事会十分厌倦经营一家身陷窘境的公司。关键在于，乔布斯知道如何把握这一时机。那么，这些策略是不是乔布斯提前设计好的呢？很可能并非如此；事实上，魅力型领导者能洞悉其自身所处的情境并迅速制订计划。

· 如何实现情感支配？

想要实现情感支配需要从情感能量的几个基本要素做起，继而将它们集中在自己身上。

（1）设计一个**双方关注的焦点**，将本人置于焦点的中心。

（2）建立**一种共享情感**，让处于焦点中心的自己成为这种情感的发起者。

（3）建立**节奏诱导**，引导整个团队进入同一种节奏之中；同时让处于焦点中心的自己引领这种节奏，成为这个“乐队”的指挥，即那个打节拍的人。

在乔布斯向董事会下达最后通牒时所选择的时机中，我们可以清晰地看到对上述三点做法的实践。最开始，双方谨慎地进行公司会谈。然后乔布斯向董事会成员怒吼道：“你们疯了吗？！”之后便是长时间的沉默，而董事会中也没人想去打破这种沉默。对董事会中的其他人来说，这是一个触底反弹、扭转局面的好时机，但他们却没有勇气也没有能量去这样做。乔布斯掌控了节奏，他希望董事会能立即行动，而不是在决策时犹豫不决。在赢得了这场小规模冲突后的第二天，乔布斯向董事会正式宣战：他要求全体董事会成员辞职，不给他们任何情绪上喘息的机会。他已经定下了一个快节奏的基调，并将一直保持下去。

并非所有抢夺情感支配权的斗争都是这样一边倒的。有时，双方也会因为争夺情感支配权而爆发激烈的冲突。

皮克斯公司在被收购前就是一个非常完整且联系紧密的工作团队，因此乔布斯在公司内没有绝对的情感支配力。阿尔维·史密斯（Alvy Smith）是皮克斯动画工作室的创始人之一，同时也是一名性格有些叛逆的电脑工程师。他与乔布斯就电路板的设计发生了争执，并很快就演变成双方嗓门的较量。乔布斯通过模仿史密斯得克萨斯州的乡村口音来嘲讽他，而史密斯的回应方式则是攻击乔布斯在会议室中最喜欢的地盘。他把乔布斯挤到一边，开始在白板上乱写乱画——而这则是乔布斯一贯喜欢做的事情。乔布斯喜欢通过白板来聚焦团队成员的注意力，或是在白板上写下会议总结。“你不能那么做！”乔布斯怒吼道。“什么？”史密斯回应道，“难道我不能在你的白板上写字？荒唐！”乔布斯气得摔门而出，双方的较量最终以平局收场。由于在他自己构建的网络中取得了许多成功，史密斯本人积攒了足够的情感能量来反抗乔布斯的情感支配，但还不足以战胜乔布斯。因此，史密斯最终离开了皮克斯，创办了自己的新公司。

乔布斯没有通过滥用职权的方式来维护情感支配。他也没有时刻提醒大家他是公司老板。乔布斯与他们激烈争论。无论是有意还是无意，乔布斯不仅在技术问题上态度强硬，而且会掌控人们注意力的焦点、节奏和情感基调。事实上，乔布斯在大多数情况下都不会注意到等级差别，因为这对他来说毫无必要。在苹果公司，按理说董事会是乔布斯的顶头上司，有权炒他鱿鱼，但不管怎样乔布斯却实现了对他们的情感支配。

在苹果公司员工的眼中，乔布斯以他的现实扭曲力场（reality distortion field）而出名，它就像科幻力场一样，后者能使未来太空中所有不可能的事情成为可能。苹果公司员工一致认为，乔布斯具备改变客观事实和科学规律的能力。而苹果公司的工程师和程序员则认为，尽管乔布斯给他们分配的任务不符合客观规律，但乔布斯会说服他们，让他们认为这符合客观规律。虽然有时乔布斯也不得不屈服，但多数情况下他都会激励员工去尝试他们认为不可能的事情，并且最终让他们找到一种完全不同的方式来解决问题。

实际上，这是最大程度上的情感支配，它强大无比，甚至能够取代一个人的现实感。在微观社会学中，这一点并不足为奇。高度负责的团队和魅力型领导能够影响人们对真实和不真实事物、对可能和不可能事物的看法，尽管通常他们是在政治或宗教领域说服人们相信他们所说的。乔布斯通过实现团队成员情感和节奏的高度集中，改变他们对科技现实的看法，从而实现了最高级的情感支配。他的一位同事解释道："在乔布斯看来，现实是可塑的。他几乎可以说服任何人相信任何事。但当乔布斯不在公司时，这种感觉就会消退。”另一位同事说：“令人惊讶的是，即使你能敏锐地意识到乔布斯的意图，你仍会受到现实扭曲力场的影响。”（《乔布斯传》第117—118页）当一个团队中的所有成员都能将情感紧密联系在一起并且行动协调一致，这个团队就是不可战胜的。

乔布斯的现实扭曲力场基本上以情感为向导，但他是将团队情感集中在正在研究的技术项目的微小细节上。在乔布斯职业生涯的早期阶段，比尔·盖茨是唯一一个不受其情感支配的人，当时乔布斯要远比盖茨更有名气，成就也要更高，而且微软公司开发的软件很多都是为苹果公司服务的。两人间的交流十分密切，盖茨也经常出席苹果公司的商务会议和务虚会。盖茨抵御情感支配的秘诀在于他自己与众不同的情感风格，或者说是反情感风格。当他人变得更加情绪化时，盖茨则会有意让自己冷静下来，调整自己的情绪，并且避免与乔布斯进行眼神交流。乔布斯会向群众渲染一种高压情感，但盖茨并不会受其影响，他就像远处的旁观者静静地看着这一切。苹果公司的工程师们认为盖茨并不是一个好的倾听者，因为在他们向其介绍他们的发明成果时，盖茨总是会抢先发言，喜欢自己搞明白这个成果的来龙去脉。

盖茨并非魅力型领导者，但他知道该如何同他人进行谈判来得到自己想要的东西，以及如何避免被他人控制。盖茨拥有自己的社交风格，例如避免让自己卷入他人的情感中，也不要陷入他人的说话节奏，或是让他人决定社交互动的速度。这种风格让他最大限度地保持了自我，特别是在面对乔布斯这样的强大对手时。盖茨通过自己的方式获取情感能量，比如通过自己的朋友圈和公司等。盖茨在自己的地盘给情感能量蓄电池充电，但他进行的互动，无论是节奏还是语气，都与乔布斯的截然不同。

乔布斯管理公司的方式近乎宗教化。这一点在他物色合适的团队人选时表现得尤为明显。在研发麦金塔电脑时，一名工程师正趴在办公桌上忙着改进一台旧式电脑（第二代苹果电脑），乔布斯俯身在他的工位上，宣布这名员工已经是麦金塔电脑团队中的一员。工程师回答道："再给我几天时间，我需要把手头的第二代苹果电脑产品制作完成。"乔布斯断然拒绝："还有什么能比麦金塔电脑更为重要的？你简直是在浪费你的时间。麦金塔电脑是苹果公司的未来，你现在立刻开始研发麦金塔电脑！"话音刚落，乔布斯就直接拔掉了第二代苹果电脑的电源，工程师辛苦编写的代码瞬间化为乌有。

此处毫无亵渎神灵之意，请注意，耶稣招募门徒的方式与乔布斯极为相似：耶稣让渔民扔掉渔网并离开他们的渔船。其中一个渔民对耶稣说："主啊！请先让我去埋葬我的父亲。"耶稣答道："追随我，逝去的人便会埋葬自己。"这个故事听起来有些耸人听闻。但要知道，在仪式化、虔诚至上的社会中，没有什么事情能比埋葬亡父更为重要。但是，耶稣想要彻底打破现有的仪式。那些遵循这些仪式的人已经丧失了自己的精神。在这种情况下，忠诚没有区别：要么是彻底的忠诚，要么就是完全没有信仰。

最高级的情感支配是领袖人物的典型特征。事实上，这也是他们的内在特质。它包括绝对的决断力，绝不能破坏节奏，工作时绝不犹疑彷徨，一心一意地去实现目标。

经典案例

恺撒面对叛变

无论在哪个历史阶段，情感支配事例的细节都极为相似。下面是一个发生在公元前 47 年的例子。

恺撒远在亚细亚战场参与内战时，罗马发生了暴乱。马克·安东尼（Mark Antony）请求恺撒马上返回罗马。此时罗马军队发生了叛乱，他们不但违抗上级命令，要求得到犒赏，还扬言要杀掉他们的统领。当恺撒回到罗马后，他发现整个城邦都笼罩在一片恐慌之中，不知道军队会乱到什么地步。

恺撒直奔军营，他没有发布任何通知便突然出现在指挥台上。放下武器的士兵们来到现场，秩序混乱，吵吵嚷嚷。有些士兵尊称恺撒为“指挥官”。“说出你们的要求。”恺撒说道。士兵们羞于向恺撒当面提出讨要他允诺给他们的赏金，便转而呼喊道：“解散军队吧！我们打了三年内战了，我们想回家！”

恺撒毫不犹豫地说：“你们就地解散。”

顿时，一片死寂。

待到他的话语起到了效果，恺撒补充道：“等到三军凯旋，我必将兑现犒赏你们的诺言。”

士兵们慢吞吞地往回走，不断交头接耳，希望恺撒能够挽留他们。但恺撒却始终保持沉默并准备离开指挥台。士兵们簇拥了过来，纷纷恳求恺撒留下并向恺撒表明他们的忠心，他们告诉恺撒只有一小撮人背叛了他。他们向恺撒承诺：一定严惩叛军，并恳求恺撒让他们重回军队。

恺撒徘徊了几分钟，装出一副无法决定的样子。

最后，恺撒终于重登指挥台，对士兵们说：“我不会惩罚任何人。”恺撒向他们保证，战胜敌军后，他将会从家产中分出一部分土地和金钱作为奖赏，所有士兵都将得到奖励。在场的士兵们无不鼓掌欢呼。

恺撒命令他们保持安静。“第十军团是在众多战役中我最引以为傲的军队，但令我痛心的是，他们竟也加入反叛队伍。我将要把他们从军队中除名。”

他们哀求恺撒，但恺撒的态度十分坚定。第十军团惶恐不已，他们向恺撒表示，只要能重返军队，他们就会抽签并处死所有抽到第 10 号的人。

最终，恺撒心软了。没有人受到惩罚。相反，他命令军队立刻开赴另一战场。

恺撒善于出其不意。他迅速将主动权从叛军手中夺走，在掌握主动权后又迅速让叛军土崩瓦解。恺撒很会把握时机：他突然出现；他当机立断；他戏剧性的沉默吊足了士兵的胃口；他还有意迟疑不决来维持紧张气氛。最后，他慷慨地宽恕了他们，但伴以对少部分人严厉的侮辱。多数人都长舒了一口气，只有一小部分精英羞愧难当。

恺撒实现了情感支配，并确保在场每个人都有切肤之痛，以至于他们愿为结束这种对峙局面而付出任何代价。这种故意戳人痛处的戏码恺撒玩了两次，第一次是针对在场所有人，第二次则是在大多数人的围观下挑选一队士兵进行当众羞辱。但最终恺撒选择了让步，他的心慈手软激发了士兵们内心的忠诚。最后，作为事件的结局，除了饱含热泪的和解之外，士兵们重新同仇敌忾，冲上战场。

·乔布斯是否也曾犹豫不决？

乔布斯是否也曾优柔寡断、拿不定主意？答案是：有时候也会。情感能量和情感支配并不是一个人性格中的永恒特质。情感能量的产生依赖于一连串成功的社会互动。如果欠缺成功互动所需的微小元素，例如没有共同关注点、共同情感或节奏诱导，情况就会变得十分糟糕。因此，情感支配具有不稳定性。

乔布斯也有摇摆不定的时候。我们要留意其发生的时机。

时针指向 1985 年 3 月，麦金塔电脑早在一年前就已上市，但一年来其销量却仅为预期的 10%。比尔·盖茨则带着自己研发的软件投靠了当时已占据电脑市场 75% 份额的 IBM。苹果公司董事会对乔布斯十分不满，他们求助于性格温顺的首席执行官约翰·斯卡利（John Sculley），希望他能规范乔布斯的行事方式。乔布斯在大厅内徘徊，咒骂着公司里的每一个人。中层管理人员在背后议论纷纷。而苹果公司正预谋采取各种措施撤销乔布斯麦金塔电脑项目负责人的职务，并计划把他外派到一个高级研发机构，让他在那里领导一个小团队开发新项目，从而不再扰乱整个公司的管理。但无论是高层管理人员、乔布斯的老员工还是斯卡利的新员工都举棋不定：他们时而密谋推翻乔布斯的“统治”，时而又反对斯卡利。公司所有员工都被愤怒、恐惧和彷徨所包围。犹豫不决就像一种无法控制的疾病一般蔓延开来。

乔布斯的情绪波动很大。和工作伙伴们一起成为发明家和天才的想法深深地吸引了乔布斯。前一天他还与董事会意见一致，后一天他便猛烈抨击斯卡利，跟所有人说斯卡利是个蠢货。乔布斯的老搭档史蒂夫·沃兹尼亚克也离开了他的团队。“斯卡利最终鼓起勇气命令乔布斯放弃运行麦金塔电脑部门。乔布斯目瞪口呆……哭了起来。斯卡利坐在那里焦躁不安。”斯卡利告诉乔布斯麦金塔项目将由董事会接管，并恳求乔布斯将注意力转移到新产品的研发上。“乔布斯从座位上一跃而起，对斯卡利怒目而视：‘我无法相信你会做出这样的决定。决定一旦实施，公司将会毁于一旦。’”（《乔布斯传》第 197—198 页）乔布斯的能量十分充沛，但却与同事们的节奏脱节了，因而他也就失去了情感支配力。他的同伴们也是以同样的方式反馈能量，公司中没有人能再保持专注力。

董事会一致支持斯卡利的决定，无奈之下乔布斯也只能勉强表示同意。但是一个月过去了，乔布斯仍未完成交接工作。在季度研究报告上，乔布斯带来了他的麦金塔团队，请求董事会给他最后一次机会来“证明他有能力领导一个部门”。但是，斯卡利拒绝了。乔布斯和团队中忠心耿耿的人员离开了报告会。晚餐时，这些成员为乔布斯加油打气，鼓励他和董事会斗争到底。成员们密谋趁斯卡利例行访华期间剥夺他的职位。但是，乔布斯无意间把这一消息透露给了即将取代他担任麦金塔部门负责人的经理。经理转而与斯卡利共进晚餐，向他汇报道："如果你明天动身去中国的话，你会被赶下台的。"（《乔布斯传》第 199 页）

斯卡利随即取消了行程，第二天一早，所有人都出席了周五上午公司例行的常务会议。"乔布斯坐在会议桌的最远端，看起来能量充沛。斯卡利则面色苍白，看起来虚弱不堪。乔布斯开始了进攻，他用冷冰冰的目光死盯着斯卡利不放。会议室中的其他人像冰雕般静静地坐着，斯卡利终于克制不住自己的情绪，大发雷霆。"斯卡利由于过于激动而声音发颤，尽管如此，他并没有停下来。虽然斯卡利已经无法控制自己的行为，但他却认为自己胜券在握。他对会议室的人喊道：谁才能更好地管理公司？"默不作声的旁观者开始动摇，他们在犹豫中还是选择了支持斯卡利。乔布斯看起来十分沮丧……他独自一人冲出了会议室，没有人跟着他离开。"（《乔布斯传》第 201—202 页）

就连乔布斯忠实的追随者也无法帮助他恢复情感支配。他们挤在乔布斯的办公室里，看着乔布斯放声大哭。这次摊牌遭到了反击，以惨败告终，局势变得对乔布斯更为不利；他甚至不能再担任原先为其安排的高级研发机构负责人职务，他必须离开苹果公司。即使身处现在这种时刻，乔布斯依然犹豫不决。

周末，乔布斯的追随者聚到他的家中商议对策，但绝大多数老搭档还是拒绝参与其中。斯卡利对这次“谋反”生气不已，他取消了对乔布斯担任高级研发机构负责人的任命，并告诉乔布斯：“你可以担任名义董事长留在公司，仅此而已。”随后，一项新的组织计划在报告厅发布，乔布斯坐在报告厅的后排，对斯卡利怒目而视，但斯卡利并没有理会他。“报告厅内响起了一阵尴尬的掌声。”整个公司的成员都丧失了活力，每个人都十分沮丧。乔布斯回忆道：“顿时，我感觉自己就像被人狠狠地打了一拳，自己有气无力，难以呼吸。”（《乔布斯传》第207—208页）

乔布斯不仅失去了情感支配力，他还失去了他的方向感。他被迫成为苹果公司名义董事长，代表公司在欧洲召开的会议上发言。乔布斯一直为人诚实、率直，如今却落到受人摆布的地步。

直到几个月后乔布斯才重新找回自己，此时的他富有极强的情感能量来与苹果公司进行终极对决。

接下来是时候概述乔布斯的整个职业生涯，并对他的人际网络的融合及瓦解进行分析；我们将会发现，这种人际网络在再次融合时会迸发出更加强大的力量。

7

鼓励身边的伙伴

首先要提到的是史蒂夫·沃兹尼亚克。乔布斯之所以了解他，是因为他在高中时就是一个科技怪才，并因策划了一场恶作剧而出名：在别人不知情的情况下擅自改动了别人的电视和电话。沃兹尼亚克天赋异禀，精通电路板，并且能够自己动手组装电脑，但他却并不是一个情感支配型的人——实际情况正好相反。他不敢在公共场合发表言论，即使台下观众为电子爱好者俱乐部的成员也是如此。然而，沃兹尼亚克的确建立了一个电脑高手的圈子，乔布斯也正是通过这个圈子参加了“家酿计算机俱乐部”（Homebrew Computer Club）的碰头会。在这些交往中，乔布斯有了两个重大发现：首先，沃兹尼亚克的设计十分超前；其次，沃兹尼亚克的设计会吸引消费者，甚至会形成市场，消费者会疯狂地购买他设计的产品。

表面上，乔布斯变成了沃兹尼亚克的发言人。同时，他还鼓励沃兹尼亚克继续完成个人电脑的设计工作。沃兹尼亚克并不想放弃在惠普公司的安稳工作，但乔布斯最终说服他成为自己的合伙人，并为他带来了一群活力四射的朋友，还让他负责整个项目的研发。五个月后，他们终于推出一台全规格的计算机："苹果I"。即便功成名就，沃兹尼亚克依然十分腼腆，他没有出席"苹果I"的首秀。他默默地待在大西洋城的酒店房间里，而乔布斯则在展示会上向观众炫耀"苹果I"，在展台上大步走来走去宣告竞争已经结束。

这个研制计算机的圈子有点类似流行音乐迷和摄影发烧友的聚会。他们的聚会既令人开心，也是塑造个人形象的最佳场合。乔布斯是这群人中最受关注、最具活力的人物。他拓宽了人际网络，营造出一种激情澎湃的氛围，并为这个圈子设计了发展轨迹，以上这些事情都是沃兹尼亚克无法完成的任务。

乔布斯并不只是激励了沃兹尼亚克，同时他还利用自己的情感能量来广招贤士。

有一句关于婚姻市场的谚语：不要为了钱结婚，而是要去有钱的地方为了爱情结婚。

而这也正是乔布斯凭借高科技专长所做的事情。当时微型处理器芯片的迅速发展使得拥有众多科学实验室和智库的硅谷欣欣向荣，乔布斯则从硅谷脱颖而出。在灵感的不断碰撞中，成果不断问世，例如，雅达利公司（Atari）设计了一款桌面电子乒乓球游戏，可供人们在鸡尾酒廊里享用。乔布斯于是就在雅达利谋了一个差事，主要是了解公司的运作以及谁是这家公司的能人。有人向乔布斯推介了一位十分出色的电气工程师后，乔布斯便开始寻找此人并最终为自己所用。

乔布斯还拉了施乐公司（Xerox）一位程序员入伙，尽管这位来自施乐公司的程序员已经有了一份待遇优厚的工作。乔布斯对他说："我有很多好东西想让你看。"他后来说道："难得遇见这么有激情的人，那我就和你签约吧。"乔布斯不仅会向新员工倾注自身的情感能量，同时还会通过判断这些人的情感波动来决定是否雇用他们。"如果他们目光发亮，如果他们直接抢过鼠标开始点击，乔布斯就会一脸微笑并聘用他们。"（《乔布斯传》第 114—115 页）乔布斯十分善于捕捉微小的细节，他在更多情况下都是通过观察人们的行动来做出自己的判断，而不是只听他们怎么说。

·重要的人际网络和无足轻重的人际网络

如今，所有人都明白建立人际网络是成功的要素。但却并非所有的人际网络都值得花费精力。有些人际网络的投入纯属浪费时间，有些人际网络则会带来危险。乔布斯对此直言不讳：人际网络分为两类，一类是蠢蛋，他不希望身边存在这类人；

另一类则是精英，这些人就是值得共事的人。

有价值的人际网络需要具备两个因素。首先，重要的人际网络由富有情感能量的人构成。这类人精力充沛、做事井井有条，在完成任务的同时还能把自己的才能发挥到极致。其次，重要的人际网络具有延伸性。这类人会引导你走向自己的梦想之地——他们会与其他重要人际网络相连。

无足轻重的人际网络则与之相反。你的伙伴不具备完成任务的技能和能力，或者是他们根本就不认识那些该认识的人。1983 年苹果公司聘请约翰·斯卡利担任首席执行官，乔布斯一开始认为苹果公司来了一位市场营销天才，这位天才将会把自己在百事可乐公司的荣光带给苹果公司。但他很快就意识到：斯卡利聘用的员工都是一群蠢蛋，这些人不具备能够改变世界的情感能量。斯卡利在业界是一位举足轻重的人，但他的人际网络却无价值可言。乔布斯由此认为，斯卡利只是一位“轻重量级选手”，并且最后还是会堕落成一个无足轻重的人。

这些都是毫无意义的人际网络。更糟的是，由于这种人际网络是通过具有类似品质的人进行传播，这些人最终就会稀释整个组织的战斗力。按照乔布斯的观点，这些人最终会毁掉整个人际网络。

·绕了六个弯的人际网络毫无用处：你需要的是一个可以彼此直接联系的社交网络

人们普遍认为，只要绕上六个弯，几乎任何人之间都会有点联系。如果你想结识某人，而此人则偏居一隅，与你相隔遥远，那么你需要开始绕着弯找熟人，一直绕到第五个人，他或她就极有可能认识此人——这也就是所谓的“六度分隔理论”（six degrees of separation）[1]。同样，在20世纪90年代，曾经流行过一个与此较为相似的游戏，即参加者必须通过某个演员拍过的电影在6部电影之内把他/她跟电影明星凯文·贝肯联系起来——“这个人是凯文·贝肯吗？”不过，这好像并不是成为好莱坞巨星的必由之路。

说实话，就算如此又能如何？如果你想寻求某人的帮助，你的朋友（第1层关系）会寻求他的朋友（第2层关系）来帮你。但是，一旦到了“朋友的朋友的朋友”这一层面，人们就不会感到有什么人情压力，所以也就更不用说第4层、第5层及第6层的朋友了。由于第6层的人际网络过于遥远，因此它已经没有什么分量可言。

超过来自两层人际网络以上的信息很可能会给你带来适得

[1] 这又称“小世界现象”“小世界效应”，最多通过6个人你就能认识任何一个陌生人。——译注

其反的效果。看看下面这对父母的噩梦。这对父母外出度假，把房子交给自己孩子照看。孩子们便邀请他们的朋友来家里聚会，受邀的朋友又邀请自己的朋友前往，而这些朋友的朋友又会将这一消息转告给自己的朋友。这群人来到聚会场所后，他们根本不清楚第二层人际网络的朋友，他们也根本不在乎这栋房子的主人。所有受邀的人只知道这栋房子房门大开，一场狂欢派对即将举行。结果就是，这对父母回到家后发现屋里一片狼藉。

这并不意味着你在扩展业务时不能按照“朋友的朋友”方式来扩大你的人际网络。而是说，想要构建一个举足轻重的人际网络，你需要将每一层关系都转变成你自己的关系，即一种一步到位的关系。

这里举一个正面例子和一个反面例子：

乔布斯被苹果公司解雇后，他无法劝说投资商购买其新公司 NeXT 的股票，就连风险投资家们也对他敬而远之。NeXT 公司几乎没有可供发货的商品，资金链断裂，乔布斯的声誉也是岌岌可危。在得知乔布斯的窘境后，罗斯·佩罗（Ross Perot）给他电话留言：“如果你需要一个投资商，请和我联系。”佩罗也是一个怪人，作为 IBM 前销售人员，他在工作期间打破了公司规定，建立了一套为企业和政府服务的主机系统。1984 年，也就是苹果公司解聘乔布斯的前一年，佩罗以史上最高价格——24 亿美元将公司卖给了通用汽车公司。尽管乔布斯彼时的财务状况十分糟糕，但他也并未表现得心浮气躁，而是有意拖延了一周时间才给佩罗回电。

两人取得联系后，乔布斯将 NeXT 的大份额分给佩罗，以此来激发佩罗的投资热情。两个人合作默契，相见恨晚。“乔布斯和我一样都是怪人，但我们也是心灵相通的挚友。”佩罗说道。(《乔布斯传》第 227—228 页)从此以后，佩罗便特意炫耀他的新朋友，并将乔布斯介绍给戈登·格蒂（Gordon Getty）这类人物，戈登·格蒂为当时的世界首富。此时的乔布斯多与社会名流接触，并经常出入上流社会。美国东部的企业家并不喜欢乔布斯，但他的新合作伙伴却是彻底折服了他们。虽然乔布斯也是通过一层又一层的人际网络才和佩罗认识，但最终这两个人却成了关系密切的朋友。

下面是一个反例：

时间回到 1983 年，由于乔布斯的管理方式，公司内部一片混乱，面对公司的境况，乔布斯最终被说服聘请一位新总裁。乔布斯一贯都是从对手公司挖走其最优秀的员工，因此他希望IBM 研发出世界首台个人电脑的项目经理能够担此重任。但这位负责人谢绝了乔布斯的邀请，他表示不想跳槽到对手的公司。这一次两个人的关系足够近了，简直是面对面，但是由于气氛显得过于被动，因此他们很难一拍即合。最终，乔布斯决定雇佣一家猎头公司，突破高科技行业的范围限制来物色人选。乔布斯有意通过两层以上的社交网——猎头公司，进而通过两步或更多步而聘用了来自百事公司的约翰·斯卡利。乔布斯刻意寻找与广告业的高层联系密切的人，而斯卡利则曾在与可口可乐的竞争中占据上风，犹如乔布斯与IBM之间的斗智斗勇；另外，乔布斯中意的人选还要与华尔街的商业精英们拥有良好的关系。

事实证明，这种方式有些过头了。乔布斯认为斯卡利独具个人魅力，并且两人成了无话不谈的好朋友。但乔布斯很快就发现，斯卡利雇的员工都是一群“蠢蛋”。他们之间建立的亲密关系在短短几个月内就受到损害。这种关系的恶化不仅让两人各自的外层人际网络无法和睦相处，而且他们还直接走向对立。斯卡利团队中的“蠢蛋”们与乔布斯的小圈子势不两立，双方的内讧愈演愈烈。在人际网络里，试图将不同的关系网融合在一起是很难实现的。

·你有什么样的专业知识储备就能认识什么样的人

与那些陈词滥调相反，不了解一个人（对一个人一无所知）就能认识这个人几乎是不可能的。你认识一个人至少意味着你能与你所认识的人建立一个社交网络并能与他们进行交流。这要求双方都要有一定的文化资本，即有一些双方都认为有价值的内容可以交谈。询问你的假期旅行，或者是打听你所喜爱的球队，这很可能只是出于礼貌的寒暄。因此，你和你想要结识的人一定要有知识交集，不然，两人的谈话就会成为鸡尾酒会上来自陌生领域人士之间尴尬、无聊、磕磕绊绊的瞎扯。

下面我们就来分析一下乔布斯是如何构建他的人际网络的。首先，乔布斯的周围充斥着各种议论——他很清楚，高科技领域内的人们总是会互相评价。总的来说，流言蜚语在认识的人之间流传会带来负面影响。但对乔布斯而言，他想听到的是某人有什么特长或者某人在科技领域走在了前沿。这并不意味着那些在中上层阶级社会中滔滔不绝的人就不够优秀——他们也是你真正的朋友和伙伴，也会在需要的时候出现在你面前。乔布斯想要了解的是某个人究竟擅长哪些领域，并会去了解那些与自己研究领域密切相关的人。他不仅仅是为了说话而说话。

1985 年夏天，在乔布斯被迫离开苹果公司后，他去拜访了斯坦福大学的科学家。他与科学家们就生物化学展开讨论。虽然乔布斯对基因剪切知之甚少，但他却是急切地想要知道科学家们需要什么类型的计算机。乔布斯建议用电脑做实验。虽然这听起来完全可行，但对多数大学的实验室来说，一个具备足够运算能力的工作站需要耗费大量资金。对此乔布斯备受启发：他预感到一个新的产品将要诞生。这为 NeXT 软件公司指明了研发方向。乔布斯十分清楚他应与实验室的科学家们密切交流，并将从对话中获取的信息运用到自己的研究中，这也使得这种对话变得越来越有意义。

充满奇思妙想的人际网络会带来更多的信息，同样，这些信息也会产生更多的社交网络——如果你在交流中更多去关注那些具有创新性观点的话。

另一个例子。乔布斯很早就意识到了初创期个人电脑的外观显得十分笨拙。这似乎是一群科技怪人在故弄玄虚地向人们炫技。其实，这群工程师只关心计算机的运行，而并非其外观。乔布斯随即直奔百货公司厨具展区。在众多产品中，他对美膳雅（Cuisinart）的产品外观情有独钟。乔布斯挑选了其中一款产品并向他的团队介绍：这才是一台苹果计算机应有的外观。到目前为止，乔布斯一直热心关注自己领域外的产品——仅仅是产品，而不是产品的制造商。

乔布斯十分擅长建立重要的人际关系。他在一本杂志上看到了英特尔的广告，英特尔公司是附近一家高科技公司，乔布斯十分喜欢这家公司的宣传方式，虽然不是什么高科技，但却十分炫酷。他马上给英特尔公司打电话并打听该广告的制作人。英特尔的工作人员告诉他该广告的设计师是里吉斯·麦肯纳（Regis McKenna）。乔布斯对广告界一无所知，他甚至还以为里吉斯·麦肯纳是一个公司的名字，但他不耻下问，一定要问个水落石出。

得知麦肯纳原来是硅谷广告业界的领军人物后，乔布斯就一直在他们的办公室软磨硬泡，直到对方派遣一名员工前往乔布斯的车库进行参观。尽管乔布斯的嬉皮士风格让他们颇为反感，但他身上勇往直前的力量却是迸发出耀眼的光芒。他不辞辛苦终于见到了麦肯纳本人。由于沃兹尼亚克同时在场，他们的第一次见面就剑拔弩张，火药味儿十足。麦肯纳对沃兹尼亚克的技术文案大加指责，沃兹尼亚克则恼火地叫道："我不想任何搞广告的家伙碰我的稿子！"（《乔布斯传》第 79 页）争论的后果显而易见：乔布斯和沃兹尼亚克被扫地出门。乔布斯毫不介意，他甩掉沃兹尼亚克，再次来见麦肯纳——他十分清楚必须让所有与其人际网络唱反调的人消失。乔布斯与麦肯纳的背景颇为相似。麦肯纳也是一位中途辍学的大学生，他投身半导体行业——但不是制造呆头呆脑的电子产品，而是设计时尚的产品广告。两人一拍即合，如今乔布斯拥有了一支顶级的团队，他们推出的前卫广告为其产品插上了腾飞的翅膀。

具有一定讽刺意味的是，乔布斯虽然致力于电子通信领域，推出了横扫互联网的产品并在这方面成为行业翘楚，但他却更青睐于面对面的交流。不过，从微观社会学角度来看，这一点并不可笑。你认识了一个人，这个人所知道的信息就是你的信息。乔布斯在这方面可以称得上是大师。如果想与他人深交并与这些人建立一个牢靠的关系网，你必须十分清楚应和他们说些什么：你尽可把最新锐、最具有情感能量的想法与他们交流，因为这个关系网实在是太强大了。

反之，你所了解到的专业信息则取决于你所认识的人。也就是说，你要识别他们最佳的职业状态。你要明白什么样的想法能激励他们，在何种情况下他们会拖沓撒谎，在什么时候他们才能超越自身极限，以及什么时候他们的见解具有前瞻性，可以在日后发扬光大，并传播到其他更加重要的人际网络。

想要做到这一点，最简单有效的方法便是面对面的交流。像互联网和电话这些设备可以使人躲起来，在摆出自身姿态的同时又可以把背后的运作隐藏起来。而这一点在面对面的交谈中则很难做到。一个目光犀利的观察者能够捕捉对话中的线索、谈话的节奏、肢体语言，以及所有同步或不同步的线索。

重要信息的获得离不开高超的观察能力。这也是个人魅力的关键要素。

经典案例

不是随便一个导师都能助你成就大业

导师制已经成为公司运作中的惯例。

但是，导师制能起到作用吗？导师制基于一个合理的社会学原则，那就是人们需要通过自己的人际关系来拓展自己的事业。因此，早日建立起自己的人际网络对于找工作进而取得成功来说是一种很好的方式。尽管导师制日渐流行，但它是否切实起到了它应有的作用，目前尚未得到证实。

一些公司会为新员工分配导师。大学也会为新入职的助理教授分配导师。少数民族学生也会得到学长的志愿指导，从而使得自己渡过难关。

但有了导师后他们是否会比之前有更好的表现，就是另一个问题了。

我们看看那些职业生涯非常成功的人，就会发现很多人在他们事业早期的关键点就已经有了一个导师。法国社会学家米歇尔·维莱特（Michel Villette）对人们在欧美获得大量商业财富的方式进行了研究，他认为这些人的共同点是他们中的大多数人都有一位导师帮助他们开启职业生涯。或许你想要问他们的导师是什么样的？那么想要寻找导师的人可要听好了，这种导师不但会为你提供广泛的人际网络，还会为你投入资金来使你的事业获得进一步的发展。

换句话说，他们不只是向你提供建议和情感支撑。你要知道，他们不是什么啦啦队队长，而是协助你掌控大局的人。

当山姆·沃尔顿在阿肯色州的一个小镇初创沃尔玛时，他的岳父就扮演了他的导师角色。这位长辈是一位成功的商人，他向银行家们推荐了山姆并为山姆的信用作担保，甚至还为山姆买下了创业初期的第一个特许经营权。早期的创业道路非常艰难，屡屡受挫。导师对于山姆重新振作起来至关重要。山姆的岳父还向他介绍了一些商界人士、特许经营机构人员、供应商和有潜质的员工。简而言之，协助山姆开始走向财富之路的导师，为他提供了他所需的人脉和融资，并通过一笔笔商业交易为山姆赢得了声誉。山姆·沃尔顿的岳父作为导师，为其事业发展提供了一个范围广、层次高的人际网络，资金方面的支持就更不必说了。

类似情况也发生在乔布斯身上。当乔布斯在车库里和沃兹尼亚克一起制造电脑时，他就开始寻找资金以便开发出更好的产品。他找到了一位风险投资人，这个人意识到了乔布斯的价值所在。但他告诉他们不可以将自己的电脑带到当地商店兜售，并表示除非他们带来了懂得市场营销的人，否则他不会进行投资。于是乔布斯请他提出三个人。其中一位名叫迈克·马库拉（Mike Markkula），他曾为芯片制造商英特尔工作，并在公司上市时赚了大钱。马库拉此前经历过了硅谷的崛起，然而这时他则感觉到另一场科技浪潮即将风起云涌。

马库拉和乔布斯一拍即合。乔布斯成为马库拉的座上宾，他们有时会就一些问题彻夜交谈，例如个人电脑应该是什么样子的；如何将其推销给普通人，而不仅仅是电脑爱好者，这样每个人都可以在家中使用电脑。他们的热情并没有停留在金钱上，而是构想如何把未来的公司规模做大。最终，马库拉同意投资25万美元，这是乔布斯和第一个风险投资人进行价格谈判的五倍，同时马库拉也作为合作伙伴加入了乔布斯的团队。乔布斯从马库拉那里得到的远不止是投资，更难得的是两人配合相当默契。他们互相激发对方产生情感能量。他们已经对苹果公司有了一些共同愿景——这些愿景则正是从两人的彻夜谈话中得以成型。在随后的几年，马库拉成为新成立的苹果电脑公司的商务部门主管，同时作为乔布斯的商业导师，带领苹果公司业绩蒸蒸日上。

并不是随便一个导师都想这样去做。首先，这种导师必须愿意亲力亲为地去帮助学徒的事业。其次，他还必须在该领域拥有话语权和过硬的人际网络，并且知道如何去使用它们。总的来说，导师越成功，学徒的机会也就越好。

这种模式的缺点则是，在事业上只是小有成就的导师是没有能力去指导他们的学徒成为大赢家的。对公司或组织聘请导师作为传帮带政策培养新人来说，这样能力不足的导师就像一个“悖论”一样的存在。他们在这种工作环境下有一定作用，因为他们可能会提供给新人一些快速完成任务的方法和一些工作上非正式的建议。但是，由于这类导师本身没有重要的人际网络，所以他们也就无法把你带入更高层次的圈子。想想看，如果他们自己都对金融一窍不通，即使他们想要帮助你，也没有办法帮你拓宽你的金融网络。

因此，你所需要的导师就是那种不仅拥有重要的人际网络，而且还愿意利用自己的声望乃至他们的财富来帮助你提升事业的导师。但你如何才能得到这样一位导师呢?

第一，你要去主动寻找，这比坐等导师上门或者是直接接受公司给你安排的导师要好得多。乔布斯知道自己的不足之处，所以一开始他就热衷于去寻觅在本领域有分量的人物来帮助自己。他请一些在高科技公司任职的熟人进行推荐，然后与名单上的人逐一联系，直到找到愿意担当大任的理想人选。

第二，找到了合适的导师，你还需要说服他们接受你，让他们愿意为你的事业进行全方位指导。这意味着你要尽早找到合适人选。然而，想靠年轻和无知获得同情是不够的，导师并不会出于怜悯而帮助你。如果他们还是做了你的导师，那也只会是因为他们被指派给你，他们并不会在你身上付出很多。这里必须要有一种相互吸引力：当年长的导师和年轻的学徒感觉彼此相处默契时，两人也就有了共同语言。换句话说，你的能力越强，与有经验的导师建立联系的机会就会越好。在自己的职业领域已经拥有一定技能和眼光的学徒，将会更好地与一个经验丰富的导师形成合作关系。这再次说明，你会认识什么样的导师与你的专业知识储备及学习能力是分不开的。

我们可以从那些职业生涯早期就获得大量财富的人身上看到，他们成功的共同点就是找到了一个真正喜欢他们的导师。这通常可以形容为一种父子关系：老一代感觉他们正在复制自己的成功之道。用一种更确切的方式来说，年长的导师拥有情感能量并善于控制情绪，因而获得了商业上的成功。这种行事方式是他们个性的内核。那些年轻的学徒需要尽可能地去匹配上导师们的情感能量和情感支配的技能。当这样相匹配的两个人初次见面时，他们就不可能成为对手。导师不再是单纯地操控学徒，学徒也不会刻意去挑战导师的权威。他们会把重心放到彼此的相似点上，在对方身上发现自己的影子。要知道，在竞争激烈的职业生涯中，这种共鸣是最接近于爱的东西。

通常，这也是职业生涯的蜜月期。一旦年轻人自己在社交圈中应对自如，导师的任务也就完成得差不多了。[1]

[1] 在科学、学术和艺术领域中，你与导师的关系或多或少会与此有所不同。详见附录“知道你在哪种舞台竞技”。

8

危险的人际网络：充满对手与竞争

哥伦比亚大学社会学家哈里森·怀特（Harrison White）曾说，市场是一面可以令生产者相互了解的镜子。在他看来，生产者未能很好地了解消费者的需求，尤其是那些潜在的消费者。直接去问人们需要什么毫无意义，因为消费者在没有试用（了解）过的情况下同样不知道自己想要什么新产品。事实上，是生产者应该更清楚自己到底还能做出什么样的产品，因为他们一直都在致力于研发新技术并最有可能做出创新。

当一个生产商瞄准了某种产品的市场，他首先会看看其他生产商生产该产品情况的好坏。竞争对手所占领的市场份额通常会告诉你消费者喜欢什么，之后你就可以利用这些信息来给自己的市场定位。特别是在推出一种新产品时，你想要知道这一新品究竟能做到多完美。然而，除非你愿意进行一场针尖对麦芒的商业竞争，否则你是不会想去重复你的竞争对手所有的产品内容。在那种情况下，你们会进入一个长期互相降价的阶段，一场不顾利润的竞争会让你损失很大，但若你有能力生产大量商品并最终占据市场主导地位，情况就会有所不同。

“市场就像一面镜子”这一观点解释了如何找到一个市场定位，这与你看到别人在卖什么产品就会知道这个产品有市场极其相似；不一样的地方是，你不会和他们直接竞争。最伟大的经济学家约瑟夫·熊彼特（Joseph Schumpeter）说，这就是企业家所做的事情，由于没有其他人可以生产该产品，创新也就造成了暂时的垄断。当然，这些垄断在自由市场中并不会持续下去，因为其他人正在通过市场这面镜子监视着你，就像你在监视他们一样。这也是为什么你必须赶在其他人之前不断进行创新生产的原因。

市场是一面镜子，它允许一些生产者销售比其他商家更昂贵的产品。在这种情况下，生产者就不会再以降价作为主要销售手段，而是会以质取胜，这也就意味着消费者此时更看重的是产品质量。从这一点上来讲，乔布斯比所有人做得都要好。产品不单单是质量好消费者就会接受，它还需要有着精美的外观，能提高消费者的生活品位，还要能把消费者的消费情绪带动起来，让消费者真正爱上这个产品。当乔布斯放眼市场时，他会刻意去看哪些产品的设计笨重呆板，哪些产品的设计则是外观炫酷，足够吸人眼球。

由此看来，市场还是一面可以反映出消费者情感的镜子。

接下来要说的就是市场竞争中险恶的部分了。之前提到，市场中的竞争者们会监视彼此的动态。他们可不是只在私下看看对方的产品这么简单，他们还会互相见面交流，甚至还有贸易往来。你几乎知晓对方正在做什么产品、对方的流水线上已经有了什么产品、对方如何对自己公司定位等所有信息。所以在一个活跃的市场上，会有许多竞争对手虎视眈眈地瞄准同一个市场。

当乔布斯辗转于大西洋城和旧金山早期的各大电脑展会时，不仅是他在打量众多竞争者，同时众多竞争对手也在审视他。商业中常会遇到一段难以界定的时期，那就是你的竞争对手和商业伙伴是同一批人。乔布斯想尽可能多地了解硅谷的高科技产业，其中最主要的一个原因就是他想从竞争者那里聘请最优秀的人才。同时，他也在寻找最好的技术和最好的设计——你要记住，乔布斯并不是一个工程师或设计师，他只是对不同人才的优势和下一个高质量的细分市场预期有很敏锐的观察力。然而，其他人也可以对他做同样的事情。

早在 1976 年，也就是第四代计算机兴起的第一年，当乔布斯和沃兹尼亚克起步创业时，他们就已经需要面对众多竞争者。“家酿计算机俱乐部”的会员人数在那时从 30 人上升到超过 100 人。当然，这里面肯定也有些人看到了个人计算机的广阔市场，随后几年出现了几十家初创公司就可以佐证这一点。成立俱乐部的目的原本是想给那些计算机爱好者提供一个分享想法和技巧的平台，但它同时也给那些想要赚钱的人提供了互相监视的便利。

其实，俱乐部除了提供平台之外，还有一点值得一提，那就是会员们聚在一起可以互相激发情感。一种使所有人都感到有趣的氛围，再加上“我们真的在做一些改变世界的事情”的成就感，无疑会振奋人们的情绪。在这样的环境中会创造出一种团队认同感，这种共享精神与市场竞争背道而驰。沃兹尼亚克就充满了这种共享力，这使得乔布斯力劝沃兹尼亚克与自己建立商业伙伴关系，并保证他们可以获得比“家酿计算机俱乐部”更多的乐趣和活力。

那么，乔布斯是如何在“家酿计算机俱乐部”的所有潜在竞争对手中脱颖而出的呢？一方面，他们中有很多人都像沃兹尼亚克一样并不想走商业这条路，电脑是他们最感兴趣的东西，即使乔布斯窃取他们的创意和灵感并据为己有，他们也不会不高兴。但对乔布斯来说，真正商业意义上的对手也是大有人在，硅谷的存在更使这些对手的出现成为必然。那时的硅谷就是创业者的天堂，电子行业的创新型人才也更容易成为佼佼者。自20世纪50年代以来，之前在硅谷曾经一起奋斗的公司同事和员工开始陆续创立像英特尔这样的微芯片巨头，以应对仙童半导体公司（Fairchild Semiconductor）等先前巨头在市场份额上的控制。这次硅谷的产业转型运动由一些工程师发起，目的是为了反抗他们的老板威廉·肖克利（William Shockley）；这位凭借在贝尔电话实验室发明晶体管赢得1956年诺贝尔奖的杰出学者，将大批青年才俊招致麾下，然后就开始只为自己牟利。在过去的数十年中，这些员工一直在收集公司的内部信息，如今他们找到机会另立门户，便开始与上一代创业者展开竞争。

考察乔布斯成功的最佳方式是把注意力从乔布斯的个人故事上移开，把观察视角上升到一个新的高度。硅谷的存在衍生了“家酿计算机俱乐部”，俱乐部则为后来个人电脑市场的蓬勃发展提供了大量技术人才。这其中的某个人有着比所有人都更充沛的精力、更紧密的人际网络和对环境更敏锐的观察力。而之后的事实告诉我们，这个人就是乔布斯。所以从这一点来看，是时代造就了乔布斯。

·对施乐公司的突袭

关键的转折点发生在1979年，也就是苹果公司创立后的第四个年头。苹果当时已经拥有成功的个人电脑市场，但是澳汰尔公司（Altair）、康懋达公司（Commodore）和凯普罗公司（Kaypro）等其他十几家电脑公司也不甘其后。像往常一样，凭借着对业内信息的高度敏感性，乔布斯听说施乐帕洛阿尔托研究中心（Palo Alto Research Center）已经拥有了一项顶级的电脑屏幕新技术。但是研发人员对此守口如瓶。如何才能打入内部呢？乔布斯来到位于东海岸的施乐公司总部谈判，提出对方可以在苹果公司上市前以优惠价买到苹果的股票。这次谈判使乔布斯得到了了解施乐公司内部商业机密的机会。之后，乔布斯参观了帕洛阿尔托研究中心。那里的科学家只是例行公事，按照接待来访同行的标准向他做了相关介绍。研究中心的一位科学家私下说道："这简直太愚蠢了，完全像疯了一样，我要想尽办法阻止乔布斯获取更多信息。"然而乔布斯还是在不停地发问，这时科学家们则三缄其口。于是乔布斯便启用自己的帮手，他带来了相关领域的顶级专家和一名为苹果效力的前施乐帕洛阿尔托研究中心程序员，以便壮大自己的声势。但是，研究中心这边透露的依旧是早已发布过的没有多少价值的信息。乔布斯发起火来，大声嚷道："不要再说这些狗屁玩意儿了！"他不停地给远在康涅狄格州的施乐总部打电话要求获得更多信息，幸运的是，施乐总部的投资部门对这项新技术在电脑领域的潜力一无所知，因此也就没有刻意予以保密。最终，帕洛阿尔托研究中心给了乔布斯关于这项新技术的所有核心信息。"乔布斯跳了起来，兴奋地挥舞着胳膊……'你们简直就是坐在一座金矿上啊！'他叫道。'我真不敢相信施乐竟然没有好好利用这项技术！'"（《乔布斯传》第96—97页）

这趟施乐之行的秘密发现，就是后来大众熟知的图形用户界面（GUI）。这是计算机领域的一项革命性成果，它改变了用户只能用命令行进行电脑操作的方式。在图形用户界面没有应用到电脑之前，一台个人电脑用户还只是使用标准打字机键盘在电脑屏幕上输入字母和数字。除了不再需要纸张，与传统打字机唯一不同的一点是，投到个人电脑黑漆漆的屏幕上的信息通常是绿色磷光样式。这实在是单调乏味。（当然，若是与十年前的电脑比起来，这已经是有了质的飞跃。要知道，在这之前，你还得使用没有任何直观意义的电码，在一摞如登机牌大小的卡片上打洞。）

图形用户界面看起来则完全不同，它有配带图片的屏幕、垃圾箱等图标，以及带有文件和文件夹名称的矩形框。你可以用鼠标在电脑屏幕上进行导航，指向你想打开的东西，你还可以拖动桌面上的东西放入另一个文件夹，并点击鼠标选择打开和关闭。所有这一切放到今天都可以称得上是非常标准化的操作，以至于我们很难去想象：在那个年代，图形用户界面的发明在计算机领域是一次多么伟大的飞跃。施乐的一些科学家看到了这种可能性，但没人能比乔布斯更加急切地想要发掘它的价值。如今我们早已习惯每天面对着充满彩色图标的电脑屏幕，原因正是乔布斯在那时向市场展示了图形用户界面可以做到的一切。

图形用户界面有一个主要技术问题，它要求电脑系统必须配备更强大的计算能力，屏幕上的每个像素都必须映射到特定位置。但是，电脑芯片的发展趋势则是速度越来越快，体积越来越小。通过对未来的展望，乔布斯认为以后的电脑屏幕趋势也应该是色彩明亮、轻松有趣——也就是“用户友好型”（当时这还是一个新词）。乔布斯再次将他的目光投向了市场和技术，并看到了未来由自己的产品创造出来的消费者。一旦屏幕被位图化，它就会开启触摸屏控制的新方式，而这种新方式在20年后已被广泛用于各种手持设备中。

回到苹果公司总部，乔布斯放弃了第二代苹果电脑（Apple II）的进一步研发，凭借着从施乐公司窃取来的知识产权，他全身心投入到完善用户友好的屏幕图形计算机的工作中，也就是麦金塔电脑，这将为当时的整个电脑行业带来彻底的改变。乔布斯开始变得更加苛求完美，这也使得麦金塔的推出还需要三年多的时间。而与此同时，施乐则开始销售自己的图形用户界面计算机。令乔布斯和他的团队大松口气的消息是，施乐这次销售在商业上以失败告终。他们的计算机图形处理速度很慢，价格昂贵，还只针对办公网络市场。在业界竞争已经出现的情况下，这是一场考验耐力的比赛。但是，苹果公司拥有自己的优势，如果他们选择等待，电脑芯片的速度将会变得越来越快，也越来越便宜，因此成本也会变得越来越低。在其他人用低劣的版本测试过市场之后，苹果公司就可以用真正令人惊叹的产品来打开市场。这是一个市场监控和时机抉择战略，苹果公司将会在以后的苹果音乐播放器（iPod）热潮中做到完美绽放。

施乐公司帕洛阿尔托研究中心的一些科学家其实也知道图形用户界面的价值有多大，但他们在公司里没有足够多的支持者。而苹果公司则更关注新的市场（施乐公司当时主要销售办公复印机），大力通过图形用户界面新技术来赢得潜在消费者的青睐。乔布斯没有费太大力气就聘请到了施乐帕洛阿尔托研究中心最优秀的科学家，其中也包括那些曾经强烈反对他获得该项知识产权的人。

·比尔·盖茨——一个潜伏身旁的对手

比尔·盖茨是乔布斯的主要竞争者。到 20 世纪 90 年代，微软凭借其操作系统彻底击败苹果公司并几乎将它赶出市场。正如经常发生的那样，在最前沿的产业领域内，最大的竞争对手往往曾经与你有过非常密切的关系。

20 世纪 80 年代早期，盖茨正在为第二代苹果电脑设计编程语言，就像他之前为硅谷初创的小型电脑公司所做的那样。乔布斯并不介意雇用为竞争对手工作的人，只要这些人是最优秀的。在这一点上，苹果公司使微软相形见绌，苹果年销售额超过 10 亿美元，微软则是 3000 万美元。但是麦金塔电脑的面世将会成为行业真正的革命。于是乔布斯便飞往西雅图，试图将盖茨带入他对新图形界面的巨大热情中。盖茨决定顺应潮流，同意编写适用于麦金塔电脑版本的Word和Excel电子表格软件。1982年和1983年间，盖茨逐渐成为苹果公司的常客，他会定期参加麦金塔电脑操作系统的演示，以及苹果销售会议和工作团队改进会议等一些激励员工的活动。有趣的是，盖茨还在苹果公司扮演着为鼓励员工建言献策的角色。"我也是这群人中的一员了。"他后来还这样打趣道。盖茨和乔布斯在这时成为好友，乔布斯喜欢盖茨的软件，除此之外，他们还有一个共同的秘密：图形界面就像无声电影向彩色音乐剧的转变。在行业会议上，"没有人知道苹果正在开发的图形界面。每个人都觉得IBM的个人电脑就是一切。"盖茨说道，"但是乔布斯和我则是暗自得意：嘿，我们也有个好东西。"（《乔布斯传》第174—175页）

麦金塔电脑的推出比原计划晚了一年，而IBM的个人电脑价格则仍旧居高不下。然而，麦金塔团队开始有了新的担忧，他们怀疑盖茨会把图形用户界面占为己用，因为盖茨在苹果公司对图形用户界面系统细节上的问题探讨得越来越多。事实证明，他们的担心是对的。乔布斯和盖茨签署了一项秘密协议，微软将专门为苹果公司生产基于图形用户界面的软件，但因麦金塔电脑晚推出一年，这项协议于1983年失效。1983年11月，也就是盖茨大赞微软与苹果的合作仅仅一个月后，盖茨就公开宣布了新的 Windows 操作系统，并决定与 IBM 合作，将图形界面的所有功能应用到 IBM 的个人电脑上。对苹果公司来说，更糟的是，盖茨还厚着脸皮主持了一次乔布斯风格的产品发布会，这是当时最豪华的产品发布活动。

乔布斯大为恼火，他让盖茨来苹果总部一趟。“他叫我来是想对我发脾气，”盖茨回忆道。有些出乎意料的是，盖茨只身一人来到了杀气腾腾的“虎穴”。乔布斯在同事们的簇拥下，冲着盖茨大吼：“我们那么相信你，你却盗用我们的东西！”盖茨任由乔布斯发泄着心中的不满，然后给出了那句著名的回复：“好了，乔布斯，我想现在的情况更像是这样——我们都有个有钱的邻居叫施乐，我闯进他们家准备偷电视机时，发现你已经把它盗走了。”更令人惊讶的是，盖茨还进行了为期两天的造访。盖茨为什么不直接离开？乔布斯为什么不直接把他轰出去？盖茨向乔布斯展示了 Windows 系统，就像青少年电脑爱好者在炫耀自己的创造一样。盖茨担心乔布斯会把他告到法院，但乔布斯的情绪反应则要更加个性化：“哦，它可真是一堆狗屎。”盖茨听到后很高兴，因为这样他就有机会让乔布斯暂时平静下来。接着，有那么一会儿，乔布斯几乎快要哭了，他恳求盖茨让麦金塔电脑能够成功发布：“好吧，好吧，只是你们别搞得太像我们做的东西了。”（《乔布斯传》第 177—178 页）在别人激动的时候让自己保持冷静，这是盖茨的市场策略。

从眼下的情况来看，他们显然已经成为可以令对方致命的竞争对手，但两人都没有打破合作关系。乔布斯一直试图让盖茨为 NeXT 电脑公司设计东西，但盖茨却始终不为所动。他们会见面并羞辱对方，但之后仍继续保持见面。可能他们都知道，在这个行业中你必须向敌人学习，或者至少也要做到尽可能对敌人保持密切关注。Windows 系统最初毫无吸引力，甚至可以说是一款劣质产品，但微软一直在坚持不懈地改进它，到 20 世纪 90 年代初，Windows 系统和 IBM 行业标准已经主宰了整个电脑行业，苹果公司几乎被赶出市场。到 1996 年，苹果的市场份额已从 80 年代末 16% 的最高点降到 4%。盖茨已经学会了如何羞辱乔布斯，当然盖茨与乔布斯争论的主要阵地是报章杂志，而不是面对面的攻击，但两人甚至是在会议上偶尔的唇枪舌剑也没能阻止他们彼此之间的来往。

市场是面镜子，你通过观察对手来判断哪里还有空白市场，进而发现自己的未来。你的竞争对手做得越好，你就越想要密切地观察他。

“亲近你的朋友，但更要亲近你的敌人”，这是来自奸诈的黑手党政治世界的一句谚语。它同样适用于高科技的商业世界。而对顶层人际网络关系来说，这句话更是再适用不过了。因为你在那里既可以得到潜在的最大利益，也可以让你处在潜在的巨大危险中。在商业世界中，怀恨在心并寻求报复是一种非常糟糕的策略。随着竞争格局发生变化，在未来的某个时候，之前的敌人很可能会成为你的一个优势资源。或者至少，与他们保持密切联系可以窃取他们的商业机密。

想要彻底脱离困境是不可能的。某些人际网络从本质上来说就是危险的——创新者需要盟友，而这些盟友则是最容易倒戈的。上游企业生产出的零部件使得新的科技产品在市场上火爆起来，其中离不开下游企业在消费者群体中的推广。这意味着一种技术从研发到销售不可能做到完全保密，因为过多的保密意味着将自己从产品销售网络中切断。

乔布斯易变的风格实际上很适应这种亦敌亦友的商业竞争。一场针锋相对并没有扰乱长期的谈判。乔布斯会毫不犹豫地对你进行羞辱，但又能立马改变腔调，不管是哄骗，还是闲聊，甚至是哭泣。他从不道歉，也从不回头，只是换了一种新方式。他会摔门而出，然后扭头就可以换种心情与你交涉。比尔·盖茨则有自己的方式，他会摆脱情绪的控制，随着对方情绪的激动而变得更冷静。这就像一种拼图游戏，两种不同的风格是彼此间完美的互补。

他们所做的一切，不是因为某一刻的心血来潮。他们都有坚定的目标。能够顺利实现目标的过程才是他们最看重的。

9

金钱的益处：拥有建立自己人际网络的自由

为什么那些有钱人还要继续努力赚更多的钱？一旦你拥有了数十亿美元，你会发现你所喜欢或者想要消费的东西是花不完那些钱的。而用这些钱最多能做的就是投资，买下更多公司，或者去做慈善事业。这仅仅是因为他们本性贪婪、嗜钱如命，以至于年龄和财富的增长都使他们欲罢不能吗？

米歇尔·维莱特这位研究人们如何获取财富的法国专家对此有不同看法。

在商品交易的世界里，金钱就是自由。如果你有足够多的金钱，你就可以拥有选择权。你可以凭借你的财富度过经济不景气的时期，并在其他人真正需要筹集资金时抓住机会。如果你没有足够多的金钱，你就必须在其他人设定的条件下借用它。你需要借的金钱越多，对方设定的条件也就越多。也就是说，你为了借用资金需要付出更多的代价。

金钱可以帮助你通往更高层的人际网络。一般来说，人际网络越重要，你就需要越多的金钱来维持关系。

拥有大量资金可以为你带来更多的动力。资金的减少会让你处于不利的地位，而那些重量级人物听到你的问题时则知道该如何应对。这就解释了为什么超级富豪们对赚取更多的财富仍然孜孜不倦。

没有足够的钱来打理你想要的交易，会使你的自由成本上升。它们既不会通过你的情感能量扩展人际网络，也不会通过你的情感支配来控制危险的人际网络，这些交易只会控制你。正如乔布斯所说的那样，你身边的笨蛋就会不请自来，阻碍你走向成功之路。

金钱并不是唯一可以发挥作用的东西。比金钱更重要的是拥有情感能量。金钱可以支撑你扩展各种人际网络，进而提升你的情感能量。但若没有钱，你就会让自己陷入困境，然后失去情感能量。

帮助你认识到这一点的最好方法，就是带你去看看乔布斯职业生涯的低谷期。

· 被赶出苹果公司——乔布斯如何东山再起？

当乔布斯被毫不留情地赶出苹果公司时，他主要有两样东西可以依靠。一是他拥有价值1亿美元的苹果股票，他可以将其转为现金。二是他与高科技领域每个重要人物都有密切联系，他可以凭借已有的声誉接触到之前不认识的人。尽管在他遭到羞辱被逐出苹果公司后人们可能不会听取他的意见，但却还是会接听他的电话。

对大企业集团来说，1亿美元并不是什么大数目。乔布斯原本可以积累更多的财富，但他对金钱有一种特殊的态度：他真正感兴趣的不是金钱，而是利用金钱可以做到的事情。乔布斯用于自身的花销很少。他不参加慈善舞会或者一些他认为不切实际的社会娱乐活动（乔布斯曾讽刺道，慈善世界对比尔·盖茨来说是一个好地方，因为他从来不会利用金钱去做一些创新性的东西），因此，乔布斯从未陷入为慈善机构捐钱来博取声誉的套路中。比起自己赚钱，乔布斯更希望苹果公司能够赚钱，但他心里也很清楚资金对于高品质产品的重要性，所以有时他也不得不与他所谓的“有钱的笨蛋”进行合作以筹措资金。与此同时，他也会用金钱去招募顶尖人才，他们的加入并不只是因为他们对企业的发展和未来充满信心，最主要的是因为乔布斯会为他们提供丰厚的报酬：他将苹果公司的股票毫不吝啬地分给了他所看重的人，而对自己的股票持有量则并不太在意。

1985年，他拿着唯一属于自己的1亿美元离开了苹果公司。

乔布斯接下来要做什么？他投入一部分资金与自己麦金塔团队里的忠诚追随者创立了 NeXT 电脑公司。这是一家试图在工作站市场寻找商机的前卫电脑公司。但这家公司一如既往的古怪，它生产的电脑也是一拖再拖，而且产品上市不久就宣告失败。NeXT 电脑公司对乔布斯的个人资产来说就是一桩不折不扣的亏本买卖。

NeXT 电脑公司最大的优势在于它拥有最好的图形用户界面，而且乔布斯还在与他手下的优秀员工一起对它不断加以改进和完善。然而，这也是一把双刃剑：一方面，盖茨还在电脑市场摸索，并未有一个清晰的目标（乔布斯此时仍在拉拢盖茨为 NeXT 公司做事，他从未切断与盖茨之间的联系）；另一方面，盖茨正在逐步追赶，一点一点地模仿，直到 Windows 横扫电脑操作系统市场。

苹果公司在市场上的失败对乔布斯来说就是一次重生。截至 1996 年，微软在市场上大行其道，已经导致苹果公司濒临破产。在最后一次自救中，苹果公司收购了拥有先进图形界面的 NeXT 电脑公司。这也使得乔布斯带着自己的情感能量和情感支配力，以及对如何经营一家公司的感悟，重返苹果公司。

在乔布斯离开苹果公司的整整 12 年间 NeXT 电脑公司都在持续亏损，不过这也确保了乔布斯始终处于这场商业竞争游戏中，即使这次机会使得乔布斯重新回到的是一个情况更加糟糕的公司。而这仍是一个绝佳机会——乔布斯有可能再创历史辉煌：要知道，苹果公司最大的财富就是它曾经非常出名的品牌声誉和那个拥有光环（当然，乔布斯头顶的到底是光环还是炸药包，人们看法各异）的男人。

乔布斯在商业运作中需要花钱时，他总能得到足够的资金。但当他重回苹果后，公司的财务状况已是惨淡不已。这次他把宝压在了银行身上，乔布斯通过银行贷款发起了当时最有创意的广告宣传，之后的事实证明乔布斯是对的。

那时候，苹果公司并没有新产品，但有一个重获大众关注的机会。乔布斯毫不犹豫地设计了一系列昂贵而又令人难忘的品牌形象宣传广告。这些广告并没有产品内容，而只是把苹果标志同一些全世界最富有创造力的人物结合起来，包括爱因斯坦、毕加索、马丁·路德·金等。乔布斯利用品牌效应创造了市值，同时也为他日后发布 iPod、苹果商店（Apples Stores）、iPhone 提供了新思路。

乔布斯的广告策略是靠花钱来赚钱。换句话说就是：乔布斯是用钱来购买大众和投资者的热情。然后这些钱就能转变为一连串令人兴奋的产品，这些产品会让消费者觉得非常酷，他们愿意以更高的价格购买，因此苹果公司也就获得了比竞争对手更多的利润。随着事业迅猛发展，苹果的财力日趋雄厚。受够了缺钱的苦日子后，乔布斯再也不想东奔西走去借债、欠任何人的情了。

为了全面了解乔布斯如何走出低谷，我们还需回到他那段跌入低谷的日子，那时的乔布斯仍在坚持的有两件事：一个是NeXT电脑公司，另一个则是皮克斯动画工作室。

1986年，乔布斯仍然拥有1亿美元中的大部分资金。同时他还通过加州的朋友得知，乔治·卢卡斯想要出售自己的电脑动画部门，因为他此时正在和妻子离婚，需要大量现金。最终，乔布斯以相对较低的1000万美元拿下了它。要知道，想要买下这个部门的人不在少数，甚至也不乏更高的报价，为什么卢卡斯偏偏卖给了乔布斯？这是因为在所有潜在的购买者中，他是计算机领域最前卫的人。乔布斯给那些做电脑动画的技术人员留下了深刻印象，让他们相信了乔布斯会是那个带领他们制作出前所未有的伟大动画的人。这正是乔布斯的厉害之处：他利用自己的情感攻势将皮克斯公司凝聚在一起（尽管还是有少数人离开并创办了自己的公司）。乔布斯还与卢卡斯惺惺相惜，设身处地为卢卡斯着想，使得卢卡斯相信自己心爱的动画部门在乔布斯的管理下会得到很好的发展。在乔布斯与卢卡斯的交流中产生的情感能量共鸣，为乔布斯节省了购买皮克斯的资金，乔布斯最终得以成功收购皮克斯。

然而，乔布斯有足够的资金维持公司运转吗？实际上，皮克斯成立的头几年一直在亏损。乔布斯不得不把更多注意力都放在财务上，并成为一位全能型业务高管。这与他在苹果公司时不同，在那里他可以把全部心思放到尖端产品上而无须考虑成本。乔布斯的情感支配技能在这里也发挥了作用，皮克斯的动画师们虽然在动画领域比乔布斯更加在行，但他们对乔布斯却是感恩戴德，把乔布斯当成他们的保护者。1989 年，这是皮克斯成立的第四个年头，他们赢得了奥斯卡最佳电脑动画短片奖。但这部动画片并没有赚钱，而皮克斯其他销售硬件和软件的部门也表现得非常糟糕。在这一点上，皮克斯就是乔布斯为了让自己在商业游戏中不被淘汰的一枚棋子——尽管他的资金正在不断亏蚀。

两年后，即 1991 年，惨淡经营六年后，由于之前有过来往，乔布斯找到迪士尼谈下了一份电影制作协议。毕竟，迪士尼是动画片制作史上最伟大的公司，一些皮克斯动画师也曾在那里工作过。而且，这次合作的机会对双方来说都带有一些“抱团取暖”的意味。当时的迪士尼可谓“年事已高”，其管理层的路线与创始人的思想早已大相径庭，这导致公司在动画和传统电影方面表现均不尽如人意。迪士尼公司主席杰弗瑞·卡森伯格（Jeffrey Katzenberg）的想法是，凭借皮克斯获得的奥斯卡奖和乔布斯的业界声誉，迪士尼也许会重整旗鼓。

卡森伯格是好莱坞最令人害怕的人之一，作为谈判代表，他也是能与乔布斯平起平坐的人。何况他手里还拿着一副好牌：

更大的公司，更好的声誉和更多的资金。乔布斯又回到了弱势位置，他谈判的目的只不过是为自己在经济上求得一线生机。谈判的最终结果并不出人意料，他们将共同制作一部由迪士尼出资的标准长度动画电影。另外，迪士尼对皮克斯其他两部电影，只分给皮克斯 12% 的票房收益，但影片的版权、继续发行和创作权则全归迪士尼所有。这是一笔糟糕的交易，但皮克斯已几近破产。乔布斯已经投入了 5000 万美元，再加上 NeXT 公司的亏损，剩下的资金已是捉襟见肘。最终，乔布斯只能是无奈地接受了这笔交易。

乔布斯和卡森伯格两人的合作充满坎坷。由于不满卡森伯格过多干涉艺术内容，乔布斯一度还中止了电影制作。但到 1995 年年底，《玩具总动员》一经面世就大获成功，不但上映第一周就收回成本，更是以 3.7 亿多美元的票房成为 1996 年全球票房冠军。在电影上映后不久，乔布斯决定马上启动皮克斯的上市进程，首次公开募股就达到 12 亿美元。手握“重剑”后，乔布斯找到迪士尼要求重新谈判。他希望两家地位平等，皮克斯和迪士尼进行品牌联合，平分利润。在双方相互展示了情感能量之后（卡森伯格在此期间与迪士尼决裂），乔布斯得到了他想要的东西。皮克斯现在有足够的金钱以最高标准制作电影，而且它连续推出了一系列 3D 电脑动画大片，每部大片一经推出便稳居当年全球票房冠军，这种盛况一直持续到 2003 年。皮克斯制作的动画电影要比迪士尼的其他电影好得多，这使得2005年皮克斯在被迪士尼收购时开出了一个条件：它的高管们在并入迪士尼后也都进入领导岗位。

乔布斯在1995年从皮克斯公司赚到的钱使他重新拥有了话语权。这一边的乔布斯突然赚到大笔财富并获得了商业上的成功，而另一边的苹果公司则走在了相反的道路上。乔布斯永远都会抓住稍纵即逝的机会：通过皮克斯在商业上取得的成功，乔布斯的首次企业上市就取得了巨大成功；但他并不满足于从迪士尼那里赢得的财富与声望，他还帮助苹果公司卷土重来。他的商业人际网络已经准备好再次扩张，准备占领一切可能的市场，包括音乐、手机，以及便携式迷你电脑可以应用的所有生活领域。

金钱与情感能量是一对无与伦比的组合，特别是在它们向上加速攀升的时候。

10

核心人际关系和外围人际关系

那么，什么是成功的人际网络呢？

成功人际网络的构建需要三个层面。

· 核心层：情感能量型人际网络

如果你想成大事，就需要创建一个和你一样拥有情感能量的团队。事实上，这种情况并不会轻易出现；魅力超凡的领导一定会比其他团队成员拥有更多的情感能量。但是，一个成功的团队需要尽可能接近上述理想状态。

情感能量是指生理和心理能量，这种能量能使人在关键时刻竭尽全力、持之以恒。拿破仑的军队比其他军队行军快的原因就是他们具备高情感能量。乔布斯的团队会通宵达旦地工作以便在重要产品发布会之前完成任务。这种能力不是金钱驱使，也非源于恐惧。你可以强迫人们长时间地工作，但他们在疲劳状态下是表现不佳还是成就非凡全都取决于情感能量。

具有高情感能量的人自信，积极，主动。情感能量具有方向性。如果一个团队的核心有着和团队领导一样的情感能量，那么领导就不必总是在团队里面出现。事实上，领导也很难做到这一点。一个杰出的团队总是会有一些核心人物，他们能量满满，奋斗方向与团队愿景一致。不论形势发生什么变化，他们都会一马当先，积极进取。

这种充满能量的核心层是一个紧密的人际网络。魅力型领导对团队中的每个成员都非常熟悉，但“熟悉”二字仍然不能完全达意，因为领导不会只是关注团队成员的家庭情况——乔布斯就从不理会这种闲聊。当他们专注于要完成的任务时，他们就会做到前进方向一致，工作节奏合拍。

拿破仑的军队取得了一连串的胜利，许多军官由此赢得了功名，其中大多数军官甚至比拿破仑都要年轻。他们平步青云，有些人甚至是从士兵中被直接提拔上来，因为拿破仑会在军队里各个等级中寻找积极行动的负责人。他几乎从不睡觉的原因之一就是他要悉心筹划战前诸多细节。这不仅仅是对细节的关注，也是对他的同伴们的关注，而那些得到他关注、精力充沛的人很快就会得到提拔。拿破仑在和平时期亦是如此，他的改革和创新永不停息。因此，他总是忙于会见各路改革派，讨论他们带来的各种想法。拿破仑的优势在于他生活在充满激情的改革时代，所以他无须从零开始。当时愿意改革的人有很多，年轻的拿破仑便是其中之一。他的贡献是让这些人停止内讧，让他们专注于脚踏实地。在这些日常会见中，他高屋建瓴、指点江山，让其追随者深感钦佩。他们都在重建自己的情感能量，但因拿破仑的情感能量在与改革派的讨论中能不断得到强化，因此他也就比其他人更加活力四射。

山姆•沃尔顿在阿肯色州的乡下创办了仓储式连锁店，也就是后来的沃尔玛。他从一家门店飞到另一家门店并非只为闲谈——他积极乐观并引人向上，一直在寻找志同道合之人。他的门店经理和他一样努力工作，因为他选择了愿意与其同行的人。

这些成就非凡的团队创立者，都是把面对面的讨论放在首位。很明显，在拿破仑时代，除了大量的书面传递信息之外，面对面交流是必然的选择，因为其他交流方式也不现实。而到了互联网和社交媒体时代，面对面交流是否依然十分重要呢？乔布斯的答案是肯定的。面对面交流对靠情感能量支撑的团队核心层尤其重要。最好的交流不一定非要讨论工作内容，大家更关注的是共同的节奏和情感。

这就是社交媒体最受年轻人欢迎的原因，因为年轻人暂时还看不出有多少职业前途，与居于成功阶梯上层的团队领导相比，他们更靠近成功阶梯的底层。在阶梯中层，社交媒体对专业人士来说可能还有一些用处，但它并不会产生太多的情感。最强烈的情感来自于与重量级人物的亲密交流。那些能够做到面对面交流的人——尤其是在重大事件中——要比那些做不到的人更有优势。

首要之事：在亲密交流中通过共享情感能量构建人际网络核心层。

· 情感支配：盟友，交易与竞争对手

现在我们来说更外层的人际网络。它们的流动性更强，不够稳定，实际上它们囊括了许多不同方向的人。这种人际网络包含潜在的情感能量，但却并非所有的能量都会在你的团队中发挥作用。在这一领域中，关键的微观互动就是情感支配。

这些是圈外人的人际网络。如果你正在创办一家企业，一定会有一些其他企业已经成立或正在启动。那么，其中一些企业就是你潜在的人才招聘资源；一些企业就是你供应链中的环节或者是你潜在的客户；一些企业就是你投资资金的来源或者是你投资或扩展的目标。你的企业与其他企业相互进行市场定位和达成交易，竞争与合作同时存在，这种态势就是一把典型的双刃剑。

乔布斯在其职业生涯初期就是一位精力饱满的企业家，他

观察自己的商业环境，逐步了解并收集信息。最重要的是，他会对员工的能量和产品质量进行评估。

这种人际网络是危险的，因为对方最优秀的人正在和你做着同样的事情。

乔布斯的策略是展示出比他人更多的情感能量以吸引人们关注他的构想。这就把他们拉进了盟友圈，甚至把他们招募到自己的团队中。随着年龄增长和公司发展势头更旺，乔布斯的进取心变得更强，其情感支配艺术也日臻成熟。

技术创新前沿的合作者之间的人际网络尤为危险，因为共享信息或者只是密切观察就可能会窃取知识产权。这既是乔布斯及其团队对施乐公司所为，也是比尔·盖茨对苹果所为。在想方设法挖掘技术机密和信息时，盖茨与乔布斯之间的过招尤为经典，所有情感支配策略（特别是在乔布斯方面）和盖茨的反情感支配策略悉数登场。

情感支配在公司之间的交易谈判中大行其道。当一方以微小的代价大赚一笔时，财富剧增就是弹指一挥间的事。达到这一步的诀窍就是保持耐心，持续监测你的竞争对手，等到他们陷入资金困境（很可能是你将他们置于市场压力下）的那一刻，你便可以友好地提出合并，低价剥夺他们的资产，从而在提供帮助的同时也顺利接管了他们的公司。

这一过程在战争中也有类似效果（在商业竞争中咄咄逼人

的情感支配在出现希望的转机时效果最好，这一点则与战争不尽相同）。恺撒在征服高卢时认真揣摩敌情，反复使用这一策略。在每次战役中，他都会击败敌军盟友中的主要部落，通过夺取他们的财产来惩戒他们，但他也会提出把敌军盟友纳入自己麾下。这是一个不能拒绝的提议，因为成了罗马的盟友后，罗马人就会在下次战争中派兵支援他们。恺撒对败军的仁慈闻名于世，这不仅能够加快敌方投降，而且也是一种有效的招募手段。他在罗马内战中采取了相同的做法。当他打败敌方的军团时，他欢迎幸存者加入自己的军队。战争与情感支配有关，继而引发非情感支配（败者向胜者投诚）；但当你有机会与恺撒和罗马人为友时，你又回到了一种友好的情感支配模式。战争后的角色转变是建立一个帝国的关键。亚历山大在征服波斯时也是如此，战争结束时他军队中的波斯人比希腊人还要多。

拿破仑的战役也与情感支配息息相关。他的炮兵部队神出鬼没，机动性强，火力超强，从而大大挫败了敌军士气。他通过压倒性的胜利迫使失败者与之进行谈判，而失败者则总是要被剥夺领土并加入他的联盟。他迅速进军敌人的首都来宣告统治权并展示自己不可抗拒的力量。莫斯科是一个转折点，因为俄国人看穿了拿破仑的意图，因此他们采用撤退战术，留下拿破仑无聊地干等俄国人前来说和，这对他来说是人生中的第一次。他失去的不仅是主动权，还一并失去了他的情感支配力。

最后，他的军队在撤退中伤亡惨重，俄国人蓄意不与拿破仑进行正面交锋，而是通过骚扰和消耗战术来对付他。

游击战作为一个出色战术就始于这一时期。游击队不为赢得战争，他们的攻击只为骚扰对方，但最重要的则是想要表明他们不会在士气上被打败。游击战变成一场消耗战，它不只是以地面部队的伤亡和昂贵的高科技轰炸为代价，它还会消耗强势军队的情感能量和继续战斗的意愿。情感能量意味着对未来结果的信心，当情感能量消失后，占领军也就只能知难而退。

在战争和商业中，当情感能量的动力急剧波动时，它的效果最佳。乔布斯一回到苹果就辞掉了前首席执行官，并接管了支持辞退决定的董事会。他和董事会成员就一个小政策问题展开争论，一旦他在争论中获胜，他就要求董事会全体成员辞职。乔布斯势不可挡，他的标志性胜利立即为扫清障碍提供了机会。大赢家的另一个特征是：他们势头正旺时出手会更狠。

· 外层：伪声誉型人际网络

在以忠诚者为中心的人际网络外层，在说不清是同盟还是对手的模糊区域，你会遇到你并不真正了解的边缘地带。有时你会看到他们的面孔：来参加演讲、股东大会和产品发布会的追随者、爱好者或只是普通的好奇者。如果他们和你在一起开心，那么你可能会和几十甚至上百人握手，但这是一次性的而并非是重要的人际网络。甚至在更远的地方还有很多人听说过你。但他们构建的是一个伪人际网络，在没有和你接触的情况下谈论着关于你的事情。这一人际网络的波动也是最为剧烈。

声誉型人际网络的最佳效果出现在集体亢奋中。这种热情相互感染，弥漫在对某事极为关注的人群中并会持续高涨。这就是伟大的演讲家、演员和传教士所追求的效果。就算没有领导者站在台上，这种情况也会发生，如粉丝们排着长长的队伍买票，顾客在苹果专卖店外排队等待新产品的发布。

这是营销者的理想。顾客和消费者变成粉丝，粉丝们聚到一起就会兴奋起来，进而激发对产品的热情。这是理想的市场定位，因为它能产生最高的利润。粉丝们愿意出高价购买商品是因为他们被一种情感影响着，而这种情感则在很大程度上反映了顾客的热情。集体兴奋会产生身份认同感和成员归属感，所以粉丝是忠诚的，他们不会去看竞争对手的产品，对价格战也毫不敏感。

另有一种说法则是，顾客和消费者的行为会变成一场社会运动（我们可以称其为消费运动）。社会运动会动员人们起来支持一项事业（如同性婚姻、反奴隶制或反税收等）。在其组织者和演讲家的周围是一群不断变化的追随者。这个群体的规模取决于他们招募朋友参加集会、讨论问题、捐款或者出去投票的热情程度。

消费运动是对品牌忠诚的缩影。换一种更好的说法就是：品牌热情在购买该品牌推出的下一个新品时会更加高涨。

一个你无法控制的问题是：生产者可以尝试去激励他们的消费者，但是创造一个消费运动则是消费者自己的事情。公关公司和政治竞选管理者试图操纵这些事情，但虚假的情感永远不能代替真情实感。集体亢奋的时间是有限的。即使热情是由一场社会运动带来的，它也会有自己发挥活力的生命期。

最根本的问题是魅力型领导力具有不稳定性。当它存在的时候，它是一股不可抗拒的力量，但它需要维持持续的成功。魅力型领导力需要隔一段时间显现一次，并且不能让人失望。

对一个连胜的将军来说这是个问题。当拿破仑连战连捷时，其对手也希望他获胜，这也让敌军更加愿意投降，他们的领导人更愿意在大败后咬紧牙关谈判。不过，获得巨大的成功也会使你陷入困境，因为一旦你名声大噪，任何微小的挫折都会被放大，因为不计其数的旁观者都会对这点挫折揪住不放，大加议论。

魅力型领导力需要不间断地反复呈现。一旦一个大赢家获得了魅力非凡的名声，他的休息时间甚至不能超过几个月。这就是为什么拿破仑在意大利取得一系列战争胜利后，拒绝安定下来并把他的军队带回法国。他决定出兵埃及并不是因为那里有很高的战略价值，事实上，他在与英国海军的作战中损失了相当多的兵力。但此行对他来说却是值得的。当拿破仑带着他从金字塔中获得的考古成果回到法国时，他的名字开始家喻户晓。群众的呼声帮助他成为第一执政官，这是他成为法国皇帝的奠基石。

乔布斯也有同样的经历。当他被苹果公司罢免后，他不仅失去了自己与投资者之间的人际网络，还丢掉了他在消费者中的声誉。在离开公众视线十多年后，他最终扭转局面并保持住了势头。他利用自己在皮克斯动画工作室和迪斯尼的成功重新执掌苹果公司，然后成功地策划了一个又一个炫酷无比的产品发布会。他的广告宣传活动带动了消费热潮，苹果商店成为一个总是充满惊喜的地方。每个产品都比上一个产品更酷：iTunes、iPod、iPhone……这类产品设计一直遵循着严格的标准。

声誉是不稳定的。毕竟，它只是一个伪人际网络，无法从中心控制。这不是独裁，大赢家最终都会被取代。

每次较量过后，都会出现一个新的大赢家。

· 时间轴：乔布斯的职业生涯和转折点

[黑体表示：竞争对手和低谷期]

元年（1975 年），乔布斯 20 岁，沃兹尼亚克 25 岁

五年起步期

第1年（1976年）4月：乔布斯与沃兹尼亚克建立合作伙伴关系

9月："苹果I"

第2年（1977年）1月：苹果电脑公司注资25万美元成立

第3年（1978年）"苹果II"售出2500台

第4年（1979年）研发"苹果III"、Lisa和麦金塔电脑

沃兹尼亚克专注于研究"苹果II"

夏季：施乐公司投资苹果公司

12月：乔布斯盗用施乐公司图形用户界面

第5年（1980年）5月：**"苹果III"上市，销量下跌**

乔布斯接管麦金塔团队

12月：首次公开募股筹资18亿美元

五年奋斗期

第6年（1981年），"苹果II"售出21万台；主营业务收入

8月：**IBM推出个人电脑**

第7年（1982年），"苹果II"售出28万台

IBM的个人电脑和仿制品的销量为24万台

第8年（1983年），"苹果II"售出42万台

IBM的个人电脑和仿制品的销量为130万台

百事可乐营销人员斯卡利被聘为首席执行官

第 9 年（1984 年）1 月：超级碗广告轰动世界

引人注目的带有图形用户界面的麦金塔电脑发布会

第 10 年（1985 年）3 月—5 月：**苹果公司动荡，经济亏损**

乔布斯被降为名义上的董事长

IBM 和兼容的个人电脑占据 75% 的市场份额

9 月：乔布斯创建 NeXT 电脑公司

被苹果解除董事长职位

诉讼；1987 年 1 月尘埃落定

十年处在商业游戏之中

第 11 年（1986 年），乔布斯收购皮克斯电脑动画制作公司

第 13 年（1988 年），**NeXT 电脑公司推迟发布会**

第 14 年（1989 年），**NeXT 计算机销售量只有预计的 4%**

皮克斯电脑动画硬件和软件销售不佳

皮克斯获得电脑动画短片学院奖

第 15 年（1990 年），**NeXT 和皮克斯继续亏损**

第 16 年（1991 年），皮克斯与迪士尼签订电影制作协议

第 18 年（1993 年），**皮克斯与迪士尼就艺术内容发生争执；电影生产停止**

第 19 年（1994 年），皮克斯恢复运行；**与迪士尼的财务纠纷**

第 20 年（1995 年），皮克斯《玩具总动员》首映，成为 1996

年最卖座电影

11月：皮克斯上市；乔布斯赚得12亿美元，与迪士尼签署利益均分协议

苹果电脑公司的衰落

1990年，**微软模仿Mac图形用户界面**

20世纪80年代末，苹果个人电脑市场份额降至16%

1993年，苹果公司新任首席执行官

1995年，**微软Windows操作系统在市场上占据主导地位**

苹果的市场份额降至4%

1996年，2月：苹果公司新任首席执行官

金融危机

15年的反败为胜

第21年（1996年）12月：苹果收购NeXT

第22年（1997年）1月1日：乔布斯回到苹果担任顾问

9月：乔布斯任首席执行官；裁员，减少生产

启动提升品牌知名度广告活动

第23年（1998年）5月：推出iMac，彩色设计；苹果公司恢复盈利；股票价格上涨

第24年（1999年），推出iBook平板电脑

第 25 年（2000 年），**G4 立方体销售失败，苹果股价大跌**

第 26 年（2001 年）5 月：苹果专卖店开业

10 月：iPod 发布，Mac 作为主机系统

设计新颖的 iPod 广告活动

第 28 年（2003 年），苹果专卖店（市场份额增至 75%）

第 31 年（2006 年），苹果公司创造了世界第一的零售总额

iPod 给苹果带来了 50% 的收益

第 32 年（2007 年），推出 iPhone

第 35 年（2010 年），iPhone 售出 9000 万台；销售额占世界手机利润的 50%；苹果公司成为世界上最有价值的公司

皮克斯的成功

1996 年，《玩具总动员》成为年度票房冠军

1998 年，《虫虫特工队》成为年度票房总冠军

1999 年，《玩具总动员 2》成为年度票房总冠军

2002 年，《怪兽电力公司》成为年度票房总冠军

2003 年，《海底总动员》长居动画电影票房总冠军

2005 年，迪士尼收购皮克斯，但由皮克斯的高管运营（反向收购）

经典案例

体育界赢家对成功的不同看法

在体育或其他方面，成功者与失败者之间的区别是什么？社会学家丹•钱布利斯（Dan Chambliss）对包括美国奥运代表队在内的游泳冠军进行研究。为了进行研究对比，他的研究对象还包括了落选队员。他们名列第二或第三；他们进入了决赛或半决赛，但却没能打败顶尖的竞争者。他们之间的区别到底会在哪儿呢？

难道获胜者只是拥有更多的肌肉或者更好的体型？当然不是。当你在泳池外看到他们时，他们看起来都很优秀。难道成功的运动员天生就有快速启动的神经元，这样他们就能比其他人更快地移动他们的肢体？当然也不是。纵观年轻游泳运动员的职业生涯，钱布利斯注意到，最优秀的运动员的素质会突然提高，就像他们突然发现了保持高水准的关键要素。

当然，如果你给所有运动员排名，有些运动员会比其他运动员更高、更强、更快。但我们并没有把奥运冠军与高中队伍里的平庸队员进行比较。钱布利斯所研究的失败者是非常优秀的运动员；在身体素质上，他们和获胜者没有区别。西班牙网球名将纳达尔说，世界排名前一百位的网球运动员在训练中看起来都一样。正是在比赛中关键时刻的发挥将他们区分开来。

好吧，精神决定行动。成功者更加努力。他们有更强的求胜欲。但钱布利斯在自己研究的游泳运动员身上并未发现这些因素。如果说有什么区别的话，那就是失败者似乎比经常获胜的人更有迫切的求胜心。获胜者看上去更冷静，也更真实。当然，他们都会竭尽全力。他们都有高水平的情感能量，只是获胜者的情感能量更加稳定，而高水平的失败者的求胜心则过于强烈。

那么是信心决定一切？是的，你可以看到，获胜者都十分自信，但他们是怎么获得自信的呢？他们的教练是不是一直在通过煽情的话语来激励他们？顶级教练会期望他们带的运动员能发挥出最高水平，但他们通常并不会在更衣室中情绪冲动地表达出这一点，至少在21世纪这个复杂的世界里不会这样。真正的优秀并不是比赛当天的暂时获胜。在那些获胜运动员的教练看来，与比赛开始前的几分钟相比，从平时的训练中可以更好地看出一个运动员是否优秀。

训练讲求方法科学而非艰苦卖力

有一种观点是，获胜者比他们的竞争对手训练时间更长也更努力。但事实却并非如此。高水平的失利者训练时间往往更长。他们的求胜心体现在他们如何努力训练，在训练场上或训练馆里投入了多少时间。当然，这是一个程度问题，高水平的人都很努力。但钱布利斯指出，游泳冠军并不一定会在游泳池里比其他人花更多时间。

获胜者的不同之处在于他们**如何**训练。

——成功者更注重具体细节。当他们划水时，他们会使手指保持一定的角度。当他们以正确的方式返身时，他们会希望准确触碰到池壁。诸如这样的细节占据了他们的注意力。他们的训练不仅仅是为了让自己变得更加强壮。对于想要做的事情来说，他们更看重技术性，这使他们变得非常专业。

——获胜者享受训练。这也许是获胜者与其他人之间最重要的区别。获胜者并不会咬牙切齿地追求更好的成绩。相反，他们喜欢他们从事的运动。这就是为什么他们可以花费很长时间去做别人觉得乏味的事情。这不会消磨他们的意志，反而会让他们情绪更加高涨，提升他们的情感能量。

获胜者是如何摆脱无聊的呢？我们可以从这些技术细节中去找到答案：例如，游泳运动员手指弯曲角度的微小差异（想想棒球投手或击球手在手臂运动上的微小差异）对外行来说很是无聊，但他们是专业人士。这些技术细节不仅仅是细节；在他们看来，这些细节是区别成败的关键。外行往往会认为细节毫无意义，或者根本就看不到细节。这就是大多数人是外行的原因所在。

专业人士关注细节，实际上是关注细节中的细节。获胜者不断观察细节，试图把这些细节调整到最佳状态。你不只是要让自己适应细节（你不能背着重负艰难前行），你还需要主动掌握细节，利用它们朝着目标和成功前进。

在目标已定的情况下，细节并不乏味

尽管训练有时会被描述为肌肉记忆，但这并不完全是获胜者所做的事情。训练士兵和警察在战斗中开枪常被认为是一种无须考虑的固有做法；在紧张的情况下，“你的训练会发挥作用”。但表现最好的人甚至比这更好，他们不需要依赖自动的肌肉记忆。他们敏锐地意识到自己所做的事情，身心合一，一切都在朝着成功的方向发展。

——获胜者是专家。这是他们的自我形象：自我形象不只是在脑海中，而是深深地根植在自己的身体里。他们的自信不仅仅是在告诉自己“我是赢家”，他们的自信不是用太多的话来表达的，但如果一定要用言语来表达的话，他们会说：“我知道该怎么做。”或者换句更有力的话语：“我的直觉会告诉我如何做到。”

这就是他们的训练所达到的效果。这也是为什么他们非常享受训练。这会让他们感觉自己非常擅长自己所做的事情。

外行视成功为魔力，专业人士视之为平凡

这一点并非只是适用于体育运动，而是适用于一切。许多奋斗者之所以无法达到成功的水准，就是因为他们在自己与目标之间设置了心理障碍。

钱布利斯发现，多年来的失败者都对胜利者感到困惑。他们无法理解为什么一个不比自己更有能力和决心的人总是能打败他们。真正的冠军一定是具备某种神秘的品质：伟大，才华，天赋。事实上，胜利者看起来很像普通人，从而使得这种品质显得更加神秘。它一定是魔法或者上帝赋予的天赋——不管你用什么词来描述它。

这是最大的障碍。它会削弱奋斗者的情感能量，并把他们的注意力集中在错误的事情上。

这使他们看不到成功其实没有秘诀。成功者是平凡而真实的。他们有很多小技巧来集中精力，而这也正是他们所关注的。对一个成功者来说，成功意味着做一件又一件平凡的事，并且把每件事都做到极致。

俗话说，明星演员都有自己得心应手的天地——这个

空间既平静又简单。观众看到他们的表演时或激动或紧张或内心充满悬念，但对明星演员来说，这些都是稀松平常。

某种意义上，成功的专业人士确实有一个秘密公式。但它与魔法正好相反。

秘密就是在行动中保持自己最冷静、最专注的状态，而你的对手则会因为陷入对抗的情绪而不能自拔。

如果你的对手真的很优秀，他们也会有他们的专业技巧。这时比赛就意味着要把他们赶出他们的天地，而你自己的天地则岿然不动。

获胜与技巧和情感支配有关。你需要足够冷静地来使用自己的技巧。所以这两者都很重要，只不过两者相比，情绪控制更是有着全局性的影响。

第二部分

作为“首席执行官”的拿破仑

1

饱含情感能量的一生

拿破仑是一个精力充沛的人。

在其权力巅峰期，他每天连续忙碌 12 小时或 14 个小时，从早上 7 点忙到晚上。他阅读报告，发布命令，召见一个又一个部门负责人；他的记忆力和对问题的把握令随从感到吃惊，他能快速把一件事情打理完毕，然后让下一个部门接着汇报工作。他的用餐时间不超过 15 分钟，他经常狼吞虎咽地吃饭，并且不喝太多东西，但却有时间跟仆人在私下八卦一下。一到晚上他就会在烦琐的宫廷礼仪和时髦的娱乐活动中花上几个小时（他发现晚上是一天中非常无聊的时刻），然后上床睡几个小时；半夜里又起来继续工作，然后又回到床上，然后 7 点起床开始第二天的工作。除了在晚上的宫廷活动上展现严肃姿态外，拿破仑总是喜笑颜开；如果他是一个工作狂的话，那他就是一个精力充沛的工作狂，而不是一个疲惫不堪的工作狂。

当他在战场上指挥军队时，他睡得更少，15 分钟的小憩是他休息的常态。他年轻时会在炮架旁打个盹儿。战斗打响之前他则会枕戈待旦，在凌晨1点准备作战计划和命令，而这时部队则已入睡，准备在拂晓前行动。拿破仑的注意力无处不在，包括军事部署、炮兵部队、后勤、大规模的军队调动。他一定不会忘记赞扬或认可军人的表现，以及鼓励普通士兵。他从不会出现战斗疲劳，更不会因疲劳而作出糟糕的决定；他的士兵有足够的睡眠使他们保持清醒，而他则是靠自己的节奏兴奋起来。拿破仑的军队以战斗迅猛而闻名，他的能量从一个网络的中心向外扩散，而他则牢牢地掌控着这个网络的一切。

他是如何做到的呢？称其为“天才”并不是一种解释，而只不过是一个词语。拿破仑是如何拥有极高的情感能量的呢？答案就在他日常生活的细节中。

持续不断的会议不会让他疲惫不堪，因为它们都是成功的微观互动：这可以使他从中获得能量，而不是消耗能量。因此，他的生活里到处都是满满的高能量。

处在这个高度，可以将个人与人际网络完美融合。大行动、大战役、大改革的发生也是如此：团队目标一致，把各种人际网络聚集在一起，然后共同行动。在这个过程中，如果大家众志成城、雷厉风行，那么所有人都会斗志昂扬。

像拿破仑这样的人会成为“能量之星”。他是处理信息反馈的核心，而这样的信息反馈每天都会发生很多次。他从刚刚处理完的事情中获取新的能量，然后精神饱满地研究当前事宜，指出其今后的发展方向和工作重点。他是一个很好的倾听者，他对坏消息也会认真听取并提出好的建议。他协调每个人的行动，总结出事情的关键和存在的问题，以及下一步该做什么。他让人们保持工作的节奏。这样的会见无论是在实践上还是在情感上都是成功的；会见完毕，饱受鼓舞的人们继续推进自己的事情，信心十足。在一个做事专注的团队里，作为“能量之星”的领导者就是所有工作流程的中心。

在拿破仑的职业生涯中，我们可以看到他情感能量的起起落落。

年轻时的拿破仑自信又勤奋，但我们既没听说过他一天工作 20 个小时的超凡行为，也没听说过同伴们对他大感敬畏。即使当他的军事和政治生涯初具规模时，他有时也会感到沮丧、胆怯和不自信。在他职业生涯后期，他的非凡情感则逐渐有些枯竭，我们发现他有时会感到厌烦、无聊和消极。最后，他被逐出角力的中心，郁郁寡欢，英年早逝。拿破仑的生涯是情感能量的生涯，他的荣辱形成鲜明对比，使我们了解到了什么是成功的要素，以及单纯依靠情感能量的局限。

2

在成人的世界里绽放青春

拿破仑 9 岁时被送进法国的军事学校，直到 16 岁那年被任命为法国陆军中尉后才回到他的家乡科西嘉岛。如果你认为拿破仑童年过于悲苦，那你就错了。在 18 世纪，人们开始工作的时间比我们这个文凭膨胀的时期要早得多，在那时对孩子们也不需要提心吊胆。年轻的拿破仑在一所封闭式寄宿学校里学习时还是有一定的压力：他个子小，讲法语时带有意大利口音，他奇怪的名字也成了其他男孩的笑料。拿破仑避开其他人，专心研究和阅读历史上的伟大将领。那些恃强凌弱的男孩在学校操场上找到他的藏身之处并试图攻击他。拿破仑并没有和他们动手，而是用自己犀利的目光就使他们望而却步。

他是怎么做到的呢？虽然无从得知细节，但是今天的微观社会学研究还原了这样一幅场景：

拿破仑站在一座废弃的小教堂（他也许过去一直都在那里看书）前面。他站在最高的台阶上，向下俯视着挑衅者。拿破仑虽然不是很高，但他站的位置使他看上去比较高大。他不会犯试图躲藏甚至转身的错误。拿破仑只字未吐，但他的表情就在说话，他像青铜一样坚定（人们后来常常这样形容他），眼神冷酷，略带威胁性。三四个挑衅者站在下面的台阶上，最魁梧的站在前面，其他的在侧后方，年龄最小的站在后面。他们的讥笑声回荡在这间石头房子里，就像鸟儿刺耳的叫声，又像犬吠之声。但拿破仑什么也没说，只是用下巴对着那些霸凌团伙做出了一个威胁的姿势。最年幼的进攻者往后退缩，两边的则摇摆不定。领头的对他们怒目而视，但他们仍是畏缩不前。领头的回过身来瞪着拿破仑，但目光已经不再锐利。他恼怒地低下头，做出手势示意他的同伙前进，但是他们却在台阶下转身撤退，势头不在，偃旗息鼓。领头的最后骂了一句，也悻悻然慢慢转身撤离。

“等等！”拿破仑用军人的语气对他们厉声说道。他们停了下来，僵住了，小心地窥探着，领头的壮起胆子转身面向他。“你们叫什么名字？”他死盯着每一个人，从普通喽啰开始，叫他们依次报出姓名，最后脸色阴沉地看向领头的。“解散！你们没有事了！”拿破仑喝道。

事实上，这是对付暴力威胁最有效的方式：毫不畏缩，从容坚定，用眼睛和声音作为最有力的武器。拿破仑很早就知道，情感上的平静先于肉体上的暴力，并会决定谁将最终成为受害者。不久，拿破仑的同学就在他的命令下修筑雪堡并打雪仗。他认识到在与敌人对抗时自己会获得情感能量。

当他来到声名显赫的巴黎军事学院时，情况就不同了。法国的年轻贵族看不起这个来自意大利小地方的外省人；这些势利小人可没那么容易被打动。面对这种局面，拿破仑专注于军事训练课程，给他的导师留下了深刻的印象，并提前一年毕业。但是，多年以后，拿破仑在上流社会仍然举步维艰。这促使他成为反封建、主张平等的法国大革命（这场革命在他担任外省驻军的低级军官时爆发）的坚定支持者。

就在这个时候，他的父亲去世了。他的哥哥献身教会正准备担任教士，所以作为次子的拿破仑也就成了这个大家庭实际意义上的家长。他在科西嘉岛度过了很长一段时间。通过父亲的政治关系，他与寻求科西嘉独立于法国的民族主义运动联系密切。但自从他的父亲因支持法国政府受宠后，他又与法国政府关系非同寻常。拿破仑之所以能够接受精英教育，就是他的父亲支持政治改革后获得的奖赏。在科西嘉岛，他的家族已经成为政治中心，并且与双方（科西嘉岛和法国政府）都有联系，可谓左右逢源。在这里，年轻的拿破仑可以凭借其家族声望和法国军官的身份成为领袖。

局势正在考验人的政治智慧。哪个目标更重要，是地方独立，还是通过革命用民主政治取代法国的世袭贵族？法国革命似乎可以有不同的道路，但拿破仑对法国的忠诚激励他最终成为现代改革的先锋——他更喜欢归属一个大国而非一个偏远外省。这使他与独立运动发生了冲突。选定这条路后，拿破仑组建了一支地方爱国民兵队伍并展现出一定的战斗力，在一些小型战斗中取得了胜利。在政治上，他成功地请求国民议会让科西嘉人成为自由平等的法国公民。1793 年年初，民族主义者在科西嘉掌权，拿破仑不得不与家人一起逃往马赛。

这是一次政治上的失败，但是年轻的拿破仑获得了独自组织军队的经验，并很快就明白了政治际遇的曲折和狂热追随意识形态的危险。从那以后，他成了一名政治上的现实主义者，他利用意识形态获得支持，但却不允许它们左右他的个人判断。

在马赛，拿破仑暂时处于低谷。他虽已掌握如何产生情感能量的互动技巧，但却缺少展现自身才能的舞台。他 23 岁时就已当了 7 年军官，其中有两年指挥自己的军队并领导了一场政治运动。他准备在更大的舞台上重新步入上升轨道。

经典案例　打造弱势竞争：山姆·沃尔顿在阿肯色州

拿破仑从科西嘉岛崛起是大赢家开创他们事业的典型代表。

沃尔玛是大众消费市场中最大的领军者。山姆·沃尔顿在20世纪五六十年代创立了沃尔玛，“大型、实惠”一直是它的商业模式。最便宜的卖场——一家看起来像是在仓库营业的百货公司——里面没有售货员，消费者自行购买；价格对消费者来说很划算，这样就战胜了竞争对手。从1985年到20世纪90年代网络经济来临之前，山姆·沃尔顿一直是全美首富。

他是如何做到的呢？山姆·沃尔顿开始创业时，连锁百货商店已屡见不鲜。另外，像凯玛特（K-Mart）这样的折扣店也证明沃尔玛的经营方式可行。但这些商店几乎全都开在城市。沃尔顿并没有参与这类竞争，而是在竞争最弱的地方发展自己的业务。大萧条后，他在阿肯色州和俄克拉荷马州（美国当时最贫困和最不发达的地区）缔造了自己的商业王国。沃尔玛进驻小城镇，那里唯一的竞争对手就是当地住户开的人所周知的夫妻店，这种商店有固定的客源和供货商，进价和售价基本一样，赚不了几个钱。有些连锁店是廉价商店，它们“瓜分”了这一地区，因此谁都无法把对方挤出去。

当地人对价高质廉已经习以为常，对商品服务要求也不高。山姆·沃尔顿发现他可以售卖在纽约或芝加哥已经过时的剩余商品。每当有新产品进入乡村时，如尼龙丝袜、制冰机、美容霜，山姆就会举行大型庆祝活动来吸引顾客眼球。

总之，山姆·沃尔顿着眼于商品数量和规模扩张。他年轻时曾在特许百货商店工作，学习如何经商，他重拾了招徕性定价策略（为吸引客户而亏本销售某产品），降低了利润率。后来，他得到了富商岳父的资助，开了自己的特许经营店。山姆不甘屈居人下，他开始打破特许经营条例（他必须从公司授权的供应商那里购买80%的商品），开始构建沃尔顿典型的经商模式：不断寻找新的供应商，以便让他们相互竞争，这样他就能以最低价购进商品。他孜孜不倦、殚精竭虑，极力想要改变传统的供应链。虽然他还在经营特许商店，但同时他也开了一家自己的沃尔玛商店来进行试点。特许经销机构要求他只能经营一家商店。沃尔顿和蔼可亲地说服了每个人，在几年内维持现有经营模式，然后又开了一家新店。他的扩张连连告捷。

沃尔顿不仅仅是一名特许经营商。他时刻关注自己的竞争对手，雇用他们中最优秀、最有抱负的经理人来帮助他经营自己的商店。他以热情赢得关注，向他们阐释自己的商业扩张计划，让他们成为合伙人，从而给了他们一条致富之道。沃尔顿特别注重个人修为，他会邀请拟聘经理人到自己家中做客，了解他们参加礼拜的情况和道德品行，然后才会做出是否聘用的决定。虽然人们觉得山姆·沃尔顿好像带着过时的美国南方小镇上的宗教气息，但他并不是一个脸色阴沉的清教徒。他富有激情和幽默感，他信任的助手都受到了他情感能量的感染。他经常坐着小飞机来往于商店之间，巡视商店的运营，敦促经理人扩大规模，提高利润。这是一个活跃的高能量人际关系网络；事实上，它在不断扩大，而山姆也在尽力确保每个人都能意识到它。

沃尔顿一直在行动，他利用挣来的钱在另一个小镇又开了一家店。即使遇到挫折：失去租赁权、房地产投资失败、飓风摧毁了他规模最大的一家店，沃尔顿还是在不断扩张他的商业王国。这就是极速扩张带来的后果。财富使他备受尊敬，但他并不满足，所以他向当地银行申请贷款。沃尔顿是一个善良的宗教信徒，所以他要贷款很容易——他的成功有目共睹，银行因此只开了一些简单的条件。沃尔顿的优势深藏不露：他在不同的银行贷款，有时会用在这家银行借的钱去还那家银行的欠款。这些当地银行规模小，分布广，彼此不熟悉；只有沃尔顿一人是他们都知道的，他乘飞机到处奔波，了解每个人。1950 年，沃尔顿只拥有一家店，1960 年有了 15 家，1970 年则有了 30 家，每家店都是一个独立公司，拥有少数不同股东。沃尔顿家族当然是最大的股东，而且只有沃尔顿的妻子（一位训练有素的簿记员）知道谁是真正的股东，以及股权内容。当地投资者属于保守派，但沃尔顿并不让他们洞察一切，或者说沃尔顿的个人魅力及其商业成功阻挡了投资上的保守心理，因此他操控了整个局势，他的商业王国也得以不断扩张。

1970年，那些借钱给他的银行变聪明了，要求重组他的债务。阿肯色州的银行联合对他施压，沃尔顿决定不再向它们贷款，转而向国家银行贷款。沃尔顿利用私人关系联系了一位在纽约投资银行工作的阿肯色州人，将他旗下的连锁店并入沃尔玛公司，并将20%的股份投入股市，其余部分由家族成员持有。此时恰逢股市开始上涨，到20世纪末，道琼斯指数从630点涨到了10700点。不仅金融化迅速发展（大多数人都纷纷开始投资），沃尔玛也成为在全美范围内实现真正盈利的新型商业扩张的典范。十年间，沃尔玛的股票市值就从3000万美元增长到5亿美元，而且其市值就是在数十年的市场通胀期间也还在继续上涨。

在纽约证券交易所这个有无数智慧玩家竞技的巨大竞争舞台上，来自阿肯色州的山姆·沃尔顿成为全美首富。这绝对不是侥幸而得。他通过寻找竞争中最薄弱的地方建立起了自己的竞争优势。当他走向全国的那一刻，驾驭着成功的浪潮，他就已经不再属于他的家乡。从完胜竞争者开始，他不断增强自身实力，一步步缔造了自己的商业帝国。

3

幸运始于变化之端

拿破仑生来就是一个幸运儿。1789 年法国大革命爆发时，20 岁的他还只是一名级别不高的中尉。当时，反对派对国王的抨击日益激进，同时也担心流亡贵族卷土重来，此外还害怕内部出现敌人，所以进行了大清洗，但拿破仑并未能在这中间发挥关键作用。他的贵族级别不高，因此在清洗中损失不大，而且他自己也无意移民。当时三分之二的军官都移居国外，这导致军官位置空缺，所以年轻军官晋升的空间很大，尤其是在 1793 年军队开始扩充以后。作为军队的一个分支，炮兵部队虽然显得已经过时而且不占显赫位置，但它却正在成为战场上的决定性力量，而这也正是拿破仑博取功名的绝佳定位。

但是军官要想获得军功必须得到指挥权，而在动荡的革命年代，要想做到这一点就需要自己拥有政治势力和人脉。拿破仑抢在同龄军官之前就得到了晋升，因为他回到科西嘉这个小池塘里变成了一条大鱼。当地知名人士领导了独立运动，而拿破仑则凭借自己领导亲法运动而声名鹊起。作为一个能量满满而又可靠的地方追随者，法国中央政府自然也是对他格外关注。

1793 年到 1794 年间，社会恐慌和政治暗杀达到高潮。1793 年 1 月，资产阶级处决了国王；7 月，激进主义者马拉遭人暗杀；10 月，路易十六的王后玛丽·安托瓦内特被斩首。最有势力的竞争者们互相残杀。罗伯斯庇尔连续处死了好几个党派的共和分子，而在这之后没多久他也将自己送上了断头台。不同革命派之间的暴力斗争使得人民的情绪不再高涨，时局呼唤一个能够恢复社会秩序的人——而拿破仑从一开始就是一个受欢迎的合适人选。

政治运气的一般理论：就结构位置和结构变化的角度来说，看似偶然的事物若从某个特定人物的角度来看却是可预测的。这推翻了格式塔理论。

政治领袖在暴力斗争期间将会互相攻击。在法国，一旦没了保皇党，激进分子就转而对抗温和派；没了温和派，他们就开始内部互相对抗。最终，当多数人都精疲力竭时，一位远离两极分化意识形态的局外人就有可能扮演和平使者并建立更稳定的政权。在大多数人厌倦了似乎无休止的意识形态争端和暴力冲突时，恢复秩序之人将会得到舆论的支持。这样一位局外人若无人脉是不可能完全站住脚的，他必须远离纠葛、灵活应变，这样才能在派系斗争中立于不败之地。换句话说，在这种情况下，人们就会选择像拿破仑这样的人：一个陌生人，在远方的政治舞台上崭露头角，但又与中央联系密切，受人关注。

幸运藏于时间之中：政治结构发生重大变化的时机会影响每个时期选择什么样的领导者。在斗争中并无多少建树的领导者相继黯然离场之后，人们需要的是一个能够稳定局面的人。

政治组织的巨大变化和激烈斗争的年代都会催生富有魅力的领导者：一个能量中心，一个能掌控局面的人。掌控一切需要巨大的努力，强大的能量，往来于一个又一个会见，给人们以满满的能量，让他们为了一个共同目标而行动一致。重大政治结构变化［其优势在于可以让人们的行动协调一致］促使具有高能量的领导者走向中心。但这样能够协调人们行动的领导者不会凭空出现：成名前，他们的日常生活就充满情感能量。一旦重大变化到来，他们的情感能量瞬间就会变得强大无比。

不妨想一想拿破仑的诸多贡献：用平等主义取代封建主义的法律条款，以及建立合理的诉讼程序，财产、刑事处罚和民事程序；行政集权和政府机构的统一；政府财政上的新政策；提供公共教育，支持科学研究。当然，这并非他一人所为。在一个世纪乃至更长的时间里，法国、普鲁士以及其他地方都完成了从封建世袭到中央集权的转变。然而在两种不同体系的冲突陷入僵局时，法国大革命的暴力摧毁了许多政治结构，为更加统一的组织体系开辟了道路。正如阿历克西·德·托克维尔所认识到的那样，革命促进了已经长期酝酿的官僚制度的发展。部分官僚制度的形成是在共和国政府时期完成的，但它却是在拿破仑政权的稳定时期被贯彻下去的。

在以英雄为中心或以个人为中心的历史叙事中，过高的赞誉（过多的因果力）都归因于一个人。尽管如此，当巨大的、会引发结构性变革的社会能量变得汹涌澎湃时，如果遇到反动势力的阻碍，一个新政权就可能应运而生。当这种情况发生时，担任洗牌大任的政权领袖不仅在同时代人之间享有盛誉，而且在后世也会留下芳名。

新旧政权的交替需要高度协调一致的行动。在僵局被打破时，革命网络中的成员也会变得兴奋无比。大家众志成城，朝着同一个方向努力。这时，像拿破仑这样的人就可以登上舞台了。每分每秒都有许多重要的事情需要完成，每件事情都要动用人脉关系。当这些网络相交于一个中心，这个中心负责连接工作的领袖就会变得精力充沛，替大众描绘出他们的愿景和共同目标。正是这种感觉，使得这个人成为一个有魅力的领导者。

20 世纪 30 年代美国“新政”的辉煌时代也是如此。将它的辉煌归结于英雄领袖是不准确的。富兰克林·罗斯福（Franklin Roosevelt）和他忠心耿耿的团队组织了这次行动。人们认为这种结构性变革早就应该发生，因此也就迸发出了自身的情感能量。罗斯福通过个人魅力赢得了万众瞩目：伟大的时代成就伟人，反之亦然。同理，鉴于未来良好的条件，时代也将创造伟大的女性。

领袖的魅力能量产生于重大变化加速发展的转折点上。兴奋时刻过后，就不再需要这种人了，也不再需要某人以超级领袖的身份来掌控所有的人际关系网络。工作已经制度化，组织已经常规化。魅力领袖的时代结束了。

经典案例

危险边缘的关系网：迈克尔·柯林斯领导爱尔兰革命

就像恰当的时机使拿破仑得以逃离断头台一样，恰当的时机也使迈克尔·柯林斯（Michael Collins）成为爱尔兰革命的领导者。1916 年正值都柏林复活节起义，25 岁的柯林斯是一名中等级别的活动组织者，资历尚浅也不够优秀，没能成为领导者，这场起义的领袖在起义失败后被英国政府处决。柯林斯也被捕入狱，但在八个月后他又得到释放。

多数年长的领导人都已不在，其他人仍在狱中。柯林斯乘虚而入，成为革命者联络网的中心人物。美国和爱尔兰的爱心人士给死去或被监禁的起义者的家属筹集了资金，供他们维持生活。柯林斯成为筹集资金的慈善组织顾问，他亲自给这些家属送去这笔钱。很快他就认识了每一个在独立斗争中有家属的人，而且更重要的是，每位斗争者都知道柯林斯。随着越来越多的人被释放，革命组织开始在爱尔兰各地重新形成，柯林斯这位带头大哥也成为革命运动的核心。柯林斯掌握着资金，这不再仅仅是为了慈善事业：革命者可能几乎不知道自己村外藏着谁，但每个人都知道他们想买枪的话需要联系谁。柯林斯知道每一位地下革命者，也知道应该信任谁。虽有英国特工暗中监视，但他却是在危险时局中把每个人团结在一起的值得信赖的人。

那时的柯林斯既不是一名演讲者，也不是一位政治领袖。但这种人反而更加显眼，所以柯林斯行动时隐姓埋名，从不接受拍照，并且每晚都会变换住处。地下联络员的身份给了他很大优势：他知道的革命者和相关信息比其他任何人都多；他比任何人都更值得信任；他有革命者需要的资源，特别是枪支。每个组织（包括革命组织）都需要一个管理者；当组织必须秘密进行活动时，一个可靠的内部人员要比公开斗争中的领袖更强大。

我们需要不断努力来维系由个人联系组成的关系网；但对一个处于恰当位置（可以接触到其他所有人）的人来说，它也能产生情感能量。他的每一天、每一夜都充满了命运的邂逅、兴奋、革命的理想和现实；他是每次小规模会议的中心人物，这些会议都是由他所起用的人组织的。柯林斯成为不停忙碌的超能量领导者，这也是拿破仑成功多年来一直保持的状态。同时他也比任何人都更多地处于事件的中心，更善社交，更受欢迎，并且更加重视任务的完成。

虽然柯林斯只是一名组织管理者，但他也被吸引到了领导层的中心。通过全面游击战来重新开展独立战争并不是由政治会议或政治演讲者的投票决定的。与英国人的决战是因为柯林斯决定保护他自己组织的运动。当有消息告诉他英国卧底特工正在渗透他的地下网络时，他决定进行反击。柯林斯没有坐等上级批准。他组织起自己的武装力量来暗杀英国特工。

结果就是双方矛盾急剧升级。英国特工遭到跟踪和暗杀。由于他们几乎不知道谁是凶手，英国人于是就开始盲目而残忍地进行报复。突然之间，爱尔兰革命鼓舞了那些犹豫不决是否要拿起武器反抗的人们。虽然柯林斯最初既不是政治领导者也不是军事领袖，但后来他却同时扮演着这两个角色。在反抗英国占领爱尔兰的游击战中，他成为革命军队的实际领导人。他坚持不懈地慢慢损耗英国人的战斗意志，并最终取得了成功。

革命的结局是一场典型的悲剧，众多政治力量之间矛盾重重，就连带头大哥的情感能量和人气也无法予以调和。英国人表示愿意接受谈判，但只愿让出部分主权，而不是激进革命者想要的爱尔兰的全部主权。柯林斯是激进分子唯一信任的人，因此政治领导层说服他成为代表团的一员，前往伦敦参加和平谈判。英国人知道爱尔兰运动已经分崩离析，大多数人都准备接受和解。最后，柯林斯签署了协议，而这份协议反过来则成了柯林斯自己的催命符。

柯林斯目标明确，投入大量精力，四处演讲，并赢得爱尔兰大选，成为爱尔兰自由州的首任州长，以及平息内战的军队统帅（在镇压内战中，曾并肩战斗的同伴此刻却成了柯林斯的敌人）。不幸的是，暗杀的组织者自己在31岁时也被暗杀了。

柯林斯的死使爱尔兰人团结起来，这一点并不令人惊讶。他是地下革命网络的中心，是情感能量和理想的中心。当整个地下联络网分为典型的两派——顽固派和妥协派时，作为联络网中心的柯林斯尽了最大努力去维系两派的团结，直到他被暗杀。1998年，他被评选为爱尔兰历史上最有影响力的人物。

4

人脉成就了拿破仑

如果我们从人的角度而不是时局的角度来考察，就会看到拿破仑因为拥有幸运的人脉而步步高升。科西嘉岛的政治挫败使其跌入低谷，但流亡马赛却给他带来了重新加入尼斯军团的命令。在尝到了革命政治的滋味后，拿破仑试图撰写自己的政治宣传小册子。这本小册子与革命达到高潮时他那尖锐的话语相比简直就是陈词滥调；这是因为他对自己还不够自信，他所走的道路给了他更多需要思考的问题，而不是现成的答案。但拿破仑的野心引起了政治联盟者的注意，雅各宾派随后投靠了公共安全委员会的独裁势力，以及他们中有影响力的当地代表——此人不是别人，正是罗伯斯庇尔的弟弟。

1793 年秋天爆发了军事危机。敌军分成几路进攻，英国舰队占领了驻扎在地中海土伦港的法国海军基地。保皇党人在马赛、里昂和土伦开始反攻倒算。

更幸运的是，围攻土伦的法国炮兵指挥官受伤，拿破仑临危受命接替他的位置。拿破仑早已是土伦战备委员会的军事顾问，他制定了作战计划，在港口内外防守较弱的地方训练炮兵，以驱逐敌人的舰队。这一计划最终得到了巴黎军事当局的批准；高级官员通过以前在军队中的人脉知道了拿破仑这个人，并批准他自行处理相关军务。拿破仑身先士卒，指挥军队攻下堡垒，驱逐了英国军队。对雅各宾政权来说，这是一次难得的胜利。拿破仑深受赏识，在 24 岁时被晋升为准将，授命成立“意大利军团”。

翻转格式塔理论：在人际关系网络中，上级任命一名军官前往重要前线，这位军官受到上级赏识并与地方政要联系密切。关系网络非常复杂，这对拿破仑这位炮兵军官来说是个问题。前任炮兵指挥官受伤创造出的绝佳机会，不亚于职业运动员在首发运动员受伤时获得出场的机会。这是一种促使个人大显身手的机制：个人只要成功，其职业生涯就会随之改观。这一体制选择的是像拿破仑这样的人。如果没有选择他，它会创造出另一个类似的人吗?

虽然战胜英国人的消息在巴黎令人鼓舞，但在“恐怖统治时期”它却未能成为人们关注的焦点。罗伯斯庇尔在 1794 年春天彻底清除了自己的对手，然而就在同年 7 月他建立的政权就被推翻，罗伯斯庇尔兄弟都被送上断头台。现在拿破仑的人脉开始对他不利，他被捕了。历史会到此停下脚步吗? 庆幸的是，拿破仑在几个星期后便被释放。更幸运的是：他远离了巴黎这个是非之地，从而从断头台上逃脱；他在科西嘉岛和军队里建立起来的政治人脉让他不会轻易被捕；他作为炮兵军官的能力很重要也很有价值；总之，他还没有重要到成为一个关键的攻击目标。

接下来的12个月成为拿破仑政治生涯中的一个挫折点。上级给了他一个不起眼的职位——他被迫远离他在地中海的关系网，到步兵指挥部镇压旺代省西北部的农民起义，这是一场不太光彩和肮脏的军事行动。他在巴黎逗留了一段时间，寻求其他任命机会，尽量让国家高层熟悉他。拿破仑远离政治漩涡，但却谋得了一个相当不错的军事任命。五位督政官之一的巴拉斯（Barras）见识过拿破仑在土伦战役中的突出表现，自从巴拉斯领导了卫戍部队（他用来推翻罗伯斯庇尔政权的安全部队）后，他便任命拿破仑做他的副官。

1795年10月，保皇党人发动叛乱。就像之前许多街头革命一样，人群纷纷涌入位于杜伊勒里宫的政府所在地，目的就是要吓倒政权。拿破仑早在1792年8月就在此目睹了一群暴徒闯入杜伊勒里宫并将国王和王室投入大牢（今天游客在前往卢浮宫艺术画廊时都要穿过这条路）。拿破仑回忆说，意志的崩溃导致君主制的垮台。在拿破仑看来，当时如果抵抗坚决，则君主制还有希望。这次共和制度又遇到了威胁，他准备用大炮来拯救共和。

他回忆当时的场景：“我首先命令炮兵向人群实弹射击，因为对一群不了解火器的暴徒而言，如果只是发射空弹，暴徒在爆响之后虽然难免会有点害怕，但环顾四周，看到无人死亡或受伤，他们马上就会重新嚣张起来，开始无所畏惧地乱冲乱撞。这时候你再发射实弹，那么死亡人数将会是一开始就使用实弹的十倍。”

拿破仑冷静地观察人们的行为，尤其是在受到暴力威胁时更是如此。他并没有试图仅仅通过步兵警戒线来保卫政府大楼，因为当平民靠近大楼时他们会犹豫要不要开枪。炮兵与人群的距离更远，因此在心理上也更易操作武器；拿破仑残酷地驱散了进攻政府大楼的人群，造成100人死亡。共和派对这次保卫战大加宣扬，认为保皇派遭到了挫败并提拔拿破仑为少将。

巴拉斯希望他继续担任卫戍部队的指挥官，但拿破仑想要的却不仅仅是宫廷卫队的指挥官。1796年1月，他成了“意大利军团”的统帅。到目前为止，他主要是通过政治人脉来获得军事职位。现在需要采取其他方式了。

经典案例　与老板的女儿结婚（有时也会离婚）

“我总说他爱我的同时也喜欢我的娘家。”山姆·沃尔顿的妻子海伦说。山姆年轻时虽然没钱，但却也是一个英俊潇洒、活力无限的小伙子，当时正在阿肯色州的小镇上学习经营零售业。我们可以想象，某天晚上，海伦的父母坐在白色柱廊里说："那个山姆前途无量啊。"山姆的岳父在山姆27岁时将他挖到了自己的特许经营百货公司并指导他开始创业。在山姆早期创业失败后，他的岳父又帮他重新振作起来。他的岳父母对他寄予厚望，他们动用与当地银行的关系帮他贷款，并在其业务起步时帮他获得供货合同："那个山姆前途无量啊。"

俗话说，年轻绅士与富人家庭联姻，这将会成就他的事业。故事通常都是这样的：他只是一个年轻的纨绔子弟，打打高尔夫，顶着副经理的头衔坐在办公室，等待继承其他人正在经营的商业资产。这在现实中是有可能的（而不仅仅是在电影中），但这并不是像沃尔顿（或拿破仑）这样的人取得成功的方法。达到成功巅峰意味着走出原有的人际网络。年轻时步入正确的人际网络是自我飞跃的一种方式，如果你并非出身豪门，这对你来说就是绝对必要的。但我们在这里谈论的是能量和情感，而不仅仅是走向成功的阶梯。与老板的女儿结婚（得到创业所需的资金和人脉）在作为一个事业助推平台和能量放大器时，它确有其效。年轻人拥有情感能量、职业前途和动力，他需要的是资源。人脉给了他施展能力的舞台。

不只是富商的女儿，就连富商自己和他的妻子也都迷上了山姆·沃尔顿。这又是怎么回事呢？我们虽然无从得知细节，但也略知一二。在密苏里大学上学期间，他踢足球，还赢得了游泳锦标赛冠军，并当选班长。他精力充沛，全面发展，组织学生卖报纸——他的确需要这笔收入，当时他的父母正在闹不和。他曾有过一个有钱的女友（并不是后来的结婚对象），这说明他的能量和魅力早已弥补了家庭背景的不相配。后来，我们可以想象他会以同样的热情去感染海伦和她的父母。

与殷实的家族建立婚姻关系（这种关系后来居然成为山姆首要的商业关系）不仅仅是一个碰运气的问题。山姆之所以最终能够赢得岳父母的支持，是因为他具有独特的情感能量——不知疲倦地谈生意，精力充沛地讨论着未来岳父母喜欢听的话题。

与上级的情人结婚

拿破仑的事业生涯是在巴黎精英家庭的支持下发生转变的：与老板的前情人结婚。这是拿破仑在巴黎第一次大放异彩。他的上级巴拉斯是卫戍部队的指挥官，也是五位督政官之一。拿破仑因为成功地镇压了意图推翻政府的保皇党起义而有了一些名声。但他仍是一个光杆司令。让拿破仑得到应有回报的是一位叫约瑟芬·德·博阿尔内（Joséphine de Beauharnais）的女性，她是巴黎社交生活圈的贵族魅力女性。因为她曾是巴拉斯的情人，所以她的会客厅也就成了上层社会流言四起的地方。不出所料，当拿破仑接近约瑟芬后，他得到了他一直梦想的独立指挥权："意大利军团"统帅。他在前往意大利之前与约瑟芬结了婚，其军事生涯中的节节胜利也由此展开。

约瑟芬在这个不苟言笑的年轻男人身上看到了什么？拿破仑在这个比自己大六岁、姿色渐衰的社交名媛身上又看到了什么？毫无疑问，双方之间存有差异，但这些差异已经让位于双方的人格、经历和目标。拿破仑与他上级的人脉结婚了；事实上，当人脉正在从他身边溜走时，他又得到了人脉的支持。巴拉斯有可能会认为被他抛弃的情人对他年轻的手下来说是一个合适的二手礼物。但这并不仅仅是一份礼物，它更是人生的一个跳板。

结婚，离婚，以财产终结一切

2001年，弗朗索瓦·皮诺（Francois Pinault）成为法国第三大富豪。他的父亲在布列塔尼（法国西北部邻近大西洋的地方）拥有一家老式锯木厂。弗朗索瓦受雇于他父亲的朋友兼商业伙伴进入其木材行业，并于1960年与老板的女儿结婚。两年后，25岁的皮诺以自己的名义接管了木材行。他的岳父年事已高想要退休，他显然喜欢皮诺提出的扩大业务的想法，因为他为皮诺提供了购买资金并为其银行贷款做了担保。

皮诺总是在不停地寻找好生意，以欺诈著称的地方木材商嫉妒皮诺的巨大市场。20世纪70年代初，皮诺先人一步，绕开木材商所依赖的当地进口商，直接与瑞典和加拿大的供应商打交道、谈生意。皮诺与那里的大客户达成协议，并在瑞典设立了一家子公司，在价格最低时直接从林业工人那里购买木材。回国后，从法国西部的邻近公司入手，皮诺特开始连连收购竞争对手的木材公司。当一家公司处于资金流动危机时，特别是当这些麻烦是由他制造的时，他就会敏锐地趁机介入。他的标准程序就是把该公司纳入自己的集团中并提供友好帮助，但又总是拖到公司破产才会伸出援手。根据法国法律，皮诺负责接管木材库存和客户账目，政府机构负责分发解雇员工的遣散费和欠薪。作为最后的了结，他将重新就银行债务进行谈判，同时以保护劳工岗位的名义呼吁地方政府给予补贴。

皮诺与老板女儿的婚姻并不长久。不到5年，他们就分居了。在皮诺赚够钱还清岳父的贷款后，没有几年他们就离婚了。那位狡猾的老商人会对此感到失望吗？还是他早已知晓结局？接下来的 15 年，皮诺摆脱了早期乡村木材商人的艰难困境，掌控了整个法国木材行业。之后他开始转向其他领域。他将公司的大部分股份都卖给一家外国投资集团，然后操纵他自己的木材采购使公司出现问题；接着，他会用破产威胁他的瑞典供应商；这一举动吓坏了股东们，然后他又以当初转卖自己公司价格的零头重新回购公司。这个木材商现在成了一个受人追捧又令人畏惧的金融家。最终，他于 20 世纪 80 年代后期将公司上市，并用上市后得到的资金买下了春天百货公司（Printemps）这家法国最大的百货业巨头。就像老板的女儿一样，一切都是他平步青云的垫脚石。

5

拿破仑的取胜风格

当拿破仑抵达时，法国军队已被逼到意大利的西北角。法国军队缺乏补给，胜算不大。但在几周之内拿破仑就让他们重拾士气。他告诉士兵们：在你们面前是世界上最富有的地方；只要征服它，我们就将拥有我们想要的一切！

·风格 1：永远积极向上，从不消极

为了使一个组织振奋起来（在这种情况下是 4 万人），这意味着要激励每个人，团结所有人。士兵们马上就喜欢上了他，军官们也纷纷对他表示敬意。很明显，在他的领导下，许多年轻军官和普通士兵都将获得晋升机会。

有两支敌军，一支来自意大利的皮埃蒙特王国，另一支则是被派来援助他们的奥地利部队。这两支军队的总人数超过了法国军队，但这两支敌军却是分开行动——这一部署正中拿破

仑的下怀。

·风格2：速度快，组织化

拿破仑军队的行进速度比任何人都快。这意味着极其高效的合作和对军队拥有牢固的控制力，因为整个组织必须以同样的速度前进。拿破仑首先阻断了皮埃蒙特军队的前进，通过速战速决战术在两周内赢得了多次胜利，将米兰作为他新的指挥部。然后，他转向攻击奥地利军队。奥军派出多路部队想要击退拿破仑，但拿破仑迅速推进，将他们逐一击破。法国早就有了这样的军事原则：由于大型军队堵塞了道路并且吃光了当地的食物（尤其是马匹的饲料），他们不得不分开前进。关键是他们遇到敌人时会迅速集合成大部队。这条原则早已成为标准，拿破仑只是比任何人都更好地运用了它。

因为奥地利人不轻言放弃，所以这场战争也就耗时更长。总之，拿破仑在一个月内赢得了八场主要战役的胜利。他的部队深受胜利的鼓舞。于是一个团便炮制出了一个流传很久的笑话：拿破仑其实就是一个“小伍长”，只不过每场战役过后都得到了晋升。

·风格3：士气高于物质

拿破仑曾说过，士气与物质的实际比率是3 ∶ 1，他知道如何激发士气。惠灵顿后来说，拿破仑在战场上的存在价值就相当于4万人加起来的价值。创造士气是一种有意识的努力行为。拿破仑在此期间创办了两张报纸：一张是为了将他打胜仗的消息带回家乡；另一张则是为士兵们而办。这是一支新型军队，士兵们不只是遵守纪律，服从命令；他们还被与最高长官一样的理想所启发和激励。

·风格4：流动性炮火

集中利用炮兵进行攻击此时已经是法国军队的战斗原则，但却是拿破仑把它的功用发挥到了极致。他推崇能够快速移动的轻型野战炮，而不是重型炮；重点不是大规模地炮击堡垒（这是使用炮兵的惯常方式），而是用炮火代替步兵进攻。拿破仑强调所谓的武器联合，即步兵与炮兵在战场上紧密配合，快速移动。在世界各地的军队中，他最喜欢的野战炮被称为“12磅拿破仑炮”（Napoleon 12-pounder）。

暴力冲突理论中有一个更深层次的观点。正如法国军官查尔斯·阿尔当·杜·匹克（Charles Ardent du Picq）之后在克里米亚战争中所记录的那样，步兵在与敌人近距离接触的压力下会出现哑火或完全无法射击的可能。由于大多数火枪都无法做到精准射击（除非是在40码内“等到你看到他们的眼白”再开火），战场上的冲锋是一场精神意志之间的较量；防守一方如果无法在正确的时机下互相配合开火，那么步步紧逼的敌人就会用刺刀击溃他们的防线。

对此，拿破仑观察入微，他认识到炮兵比步兵射击更准确，并且也更容易控制他们自身的情绪。后来，军事社会学家马歇尔（S.L.A. Marshall）阐述了这一发现。第二次世界大战结束后，马歇尔的研究表明，只有少数前线步兵能够做到准确射击敌人；协调合作操作下的武器杀伤效果因有更多人参与而表现突出。

这种战术意味着炮兵军官必须坚守前线并根据周边地形设好炮位。这样一来，拿破仑和他的同僚也就成为他们部队中可见的英雄。

战斗时积极主动，行动快速，士气高涨，分散行动时又能快速集中兵力打歼灭战，步兵作战时有快速移动的炮兵的配合：这些因素构成一个整体，互相配合。整个军队士气高涨，他们相信自己是无敌的。最终他们也确实获得了胜利。

经典案例

恺撒未雨绸缪

“整个高卢一分为三。”恺撒踏上了轰轰烈烈的征服之路。接着他向我们展示了当地部落间的纷争：谁是敌人，谁是英明领袖，谁又是冤家对头。他不只是在设定场景。这是他整个战役的关键。高卢政局充斥着背叛、结盟和分裂。恺撒将开始实施他的离间之计，使更多的部落成为罗马的盟友，阻止其他部落联合起来，并最终摧毁所有的反对派。高卢人可能反复无常，背信弃义，但罗马人的同盟将会固若金汤。

恺撒为何会对高卢政局了如指掌？对他来说，这可以说是一项首要任务。他采访信使和游商，审问敌军士兵，与高卢高层进行面对面的交谈。他比较他们所说的话，听他们吹嘘，抓住他们不一致的地方，拼接事实的真相，从而找出不利之处和有机可乘的薄弱环节。和大多数魅力型领导者一样，恺撒也是一个敏锐的观察者。他意识到成功取决于良好的政治情报搜集工作。他对高卢人的了解比他们对自己的了解都多。

高卢的各个部落不停地变换阵营。有时他们会在战斗期间倒戈，有预谋的叛变通常比实际战斗更具决定性意义。恺撒并不担心自己的盟友会叛变；他总是将外国援军放在次要位置上，而依靠自己的军团来处理战斗中所发生的问题。更重要的是，他认为高卢人不够坚定。他们一开始勇猛无比，但若罗马纪律不被打破他们就很容易变得士气低落。

作为将军，恺撒最英明的策略是留有一部分军队待命，而不是将他们全部投入战场。因为如今这已是标准的军事理论，所以我们忽略了恺撒是最早运用它的人。大多数古代战役都是在两条集结线之间进行争夺。恺撒观察到，在战斗的第一阶段，双方都趋于混乱。即使是占上风的一方通常也会失去队形，在尸横遍野中举步维艰，无法再战斗。恺撒的创新之处在于他会留出完整的军团，当他观察到战斗的第一阶段已经陷入危机，再将预备军放在关键位置上。因为有组织的军队可以轻易击败混乱的军队，所以恺撒的预备军就会赢得最终的胜利。

简而言之，他预料战斗中会出问题，并备有解决问题的计划。

以前的将领们大多只是排好军队阵形就开始战斗。从战斗开始的那一刻起，他们便对将会发生的事情失去了控制。他们中的一些人，像亚历山大大帝一样，只是在队伍的前线指挥。恺撒是第一个有后续作战计划的名将，他会清楚地观察何时开始战斗的第二阶段。

恺撒还料到和盟友间会产生矛盾，他对此仍有预案。他结盟的常用手段是向友好部落提供战利品：击败敌人的部落后，恺撒的同盟会获得他们的土地、牲畜和俘虏。但一日为盟便“终身”为盟。同盟不可以在下一场战斗中撤军，恺撒需要他们派兵作战。当恺撒曾经的盟友发现罗马人并不会撤退时便与他反目成了敌人，而恺撒在高卢的9年里，大部分时间都花在击败这些反目成仇的部落上。

恺撒料想到会发生这种情况。(他不像美国高官那样，认为只要他们在伊拉克和阿富汗获胜，其盟友就会继续做他们的盟友。)曾经背叛恺撒的部落受到温和的对待。他们的首领受到严惩，被剥夺财产，但其追随者则得以赦免，财产仍归其所有并保留了职位。但若这些人再次背叛恺撒，他们就会受到最为严厉的惩罚，等同于被处以死刑。古代的人类道德比现在的更为严酷。与恺撒同时代的人称他是一个“仁慈”和“温和”的人：他可能会残酷地对待他最强大的对手，但也会给大多数手下败将一个化敌为友的机会。这不仅给他带来了良好的声誉，而且成为他招募军队的绝佳方式。在内战期间，当罗马军团互相争斗时，恺撒招募战败的军队加入自己的军队，这意味着他的军队总是在不断壮大并由此赢得了胜利。

恺撒拥有和其他伟大将军一样的品质：速度。但因军队是一个庞大的组织，速度并不单是士兵如何快速移动或领导者经常训话的问题。罗马军队的速度比高卢人快，特别是在长距离上，这是因为罗马人有两个优势：工事优良，训练有素。罗马人没有因自然障碍而受阻，因为他们的工匠可以很快就在河上搭起一座桥。在高卢人眼里，冬季根本无法翻过高山，但恺撒的士兵就像施工人员，他们组成清雪队，扫除积雪，然后一举翻过高山，把高卢人打了个措手不及。高卢人喜欢战斗，但他们认为像筑路和修防御工事这种脏活累活是对战士尊严的侮辱。罗马人军纪严明，对命令绝对服从。罗马士兵知道，他们完成这些任务的速度越快，就越能赢得胜利，甚至能打败自己的劲敌。

我们可能会认为，一个强调纪律的组织会拖泥带水，步履蹒跚。事实正好相反，纪律严明的军队是一支训练有素的队伍；他们行动迅速，因为每个人都知道自己的角色。当他们遇到麻烦时，也知道该怎么办，因为他们已经为此训练过。

任何组织都一样。如果你想让一个大型群体行动迅速，关键并不是每个人都必须处于兴奋状态。行动迅速要求协调一致，团队士气高涨，能够预见问题并提前做好应对。

6

连连获胜

拿破仑在1796年至1815年的20年间进行了9次军事战役：意大利2次，埃及1次，西班牙1次，德国和奥地利3次，俄罗斯1次，以及“百日王朝”时期1次防御性战役（这是拿破仑在法国领土上进行的唯一一场战役）。在前6次战役中，他曾5次迫使敌人签署了有利于法国的和平条约，促进了法国霸权的大规模扩张。他成功挺进的首都中包括米兰、罗马、开罗、维也纳（2次）、柏林、马德里和莫斯科。他一度连续获得22场重大战役的胜利，人们认为拿破仑无可匹敌，以至于法国两次对战奥地利和普鲁士的战斗以平局结束竟引起了轰动。1809年，拿破仑40岁的时候，他就像是史上最伟大的棒球投手，在24场比赛中创下22 ∶ 0的纪录。

这打破了恺撒创下的纪录。唯一与之可比的将军是亚历山大大帝，他从未输过任何一场战役，只是在印度等地的行动曾失利；还有美国内战期间南军将领“石墙”杰克逊（Stonewall

Jackson），他个人指挥时的战绩为 7 胜 1 败，在与副官共同指挥时（但通常仍为独立作战）的战绩为 14 胜 1 败。总而言之，拿破仑称他指挥的 60 场战役（包括小型战役）几乎全部获胜。

法国军队更胜一筹，这并非拿破仑夸大其词。在爱国主义和新的意识形态鼓舞下，民众踊跃报名入伍。与大多数敌对国相比，法国军队的规模更加庞大，士气也要更加高昂。法国军官研究出了更好的战术，形成了适合大兵团作战的指挥体系，强化火炮的密集射击（尤其是可移动火炮），并做到对士兵招募、训练和后勤进行系统组织。虽然拿破仑也是新模式下训练有素的法国军官，但其他法国将军只是偶然几次获得成功，在此背景下拿破仑的成功可谓是一个奇迹。

如何解释他在战局不利的时候取得的成功？在最后三次战役时期（莫斯科撤退，德意志倒戈之后的持久战，以及“百日王朝”），拿破仑仍然赢得了大部分战役的胜利；其中几场战役由于后卫防线被切断而在撤退中损失惨重。但总体来说，拿破仑参与的战役中只有 1 次彻底失败了，那就是滑铁卢战役。

为什么拿破仑在大型战役中开始输了（短兵相接的战斗除外）？追问这个问题，也就相当于追问拿破仑为什么以前能赢。随着时间推移，敌对国也采用了法国人的办法：把军队分为军团，使用可移动火炮，通过爱国主义宣传来大规模招募和激励军队（主要是在德意志）。血战 15 年之后，英国军队最终识破了法国的战术，并通过纪律严明、精确控制开火时机的步兵齐射来对付他们。换句话说，对手会互相学习，战败者只要没有被打到全军覆没就还有机会迎头赶上。

抛开拿破仑自身因素不论，我们依旧得承认：在法国军队占据优势的时候，他比其他将军更会利用工具；在扩张时期，尽管过度扩张给军队带来了严重影响，但他依旧在几乎所有战场上都是战无不胜。

经典案例

声名鹊起：恺撒的好运气

内战爆发后，恺撒迅速组织起一小支军队横渡大海，想要在希腊袭击他的对手庞培的军队。但敌军是高素质的罗马军团而不是高卢部落，所以恺撒得出结论：在出发前他需要一支更庞大的军队。来自意大利的援军落后了，所以恺撒决定亲自回去监督战事。由于敌军舰队已经获得了制海权，他决定乘坐一艘配有 12 名水手的划艇乔装横渡大海。

海上风浪极大，小船无法驶出港湾。上尉正要往回走，这时恺撒卸下伪装，对他说：“走吧，别害怕。恺撒和他的好运与你同行。”

神佑对古人来说要比对我们的意义更大。命运女神是统治人类事务的女神，人们认为她特别眷顾某些人。实际上，她是幸运女神。那么恺撒是否只是一个相信运气总是站在自己这边的赌徒呢？运气均等定律最终会让这样的人吃到苦头。恺撒迷信吗？所有的证据都表明并非如此。他生命最后时期的一个著名故事是他嘲讽了预言者，这位预言者提醒他要谨防3月15日这天发生的事。恺撒从未通过占卜做出军事或政治决定。虽然恺撒在其政治生涯早期的第一个正式职位是负责占卜仪式的首席祭司，但他显然仅仅是出于政治目的而利用宗教作为事业的垫脚石。他与伊壁鸠鲁等哲学家联系紧密，这些学者认为世界由在太空中移动的原子组成，诸神从不会出手干涉。

恺撒告诉他的追随者好运会庇佑他们，他这样做是在鼓励他们像他一样自信。但是如果确有必要，他倒是很乐意操纵别人的迷信。

命运女神始终眷顾恺撒——这也成为他连连获胜的部分原因。他的支持者期望他获胜，他的对手则期望自己失败。起初，他们只是在心里这么期望着，但随着恺撒战无不胜，它也就成为一个自我强化的反馈循环。这是一个美名。恺撒是怎么得到它的呢？

持续的好运气是制胜的秘密法宝。局外人不知道这一点；保守秘密有一个好处，这样其他人就会认为他们不是在与你竞争，而是在与超自然力量抗争，因此无法取胜。

我们已经了解了一部分恺撒获胜的技巧：行动前收集政治信息；保留预备力量以应对预期的溃败；预测盟友可能叛变；鼓动敌人倒戈的宽恕政策。

个人情感能量也促成了恺撒的连连得胜。今天人们常说，通过努力和永不放弃的精神，人们创造了自己的运气。事情并不全是这样。恺撒有着高昂的情感能量，他不仅自信和主动，而且是一个精力充沛的人。他低调、温柔，事实上，他身体瘦弱，以举止温和著称。他从不浪费时间。

恺撒的《高卢战记》巧妙地从他的角度讲述了故事并提高了他在罗马的声誉，恺撒是如何抽出时间来写成此书的呢？他在往来于军队前哨和所管辖城市的途中口述完成了这本书。军队行进的道路崎岖不平，有时根本算不上道路，但在他那辆颠簸的战车上，或是在由侍从扛着的担架上，恺撒总是让身边的几个秘书来记录他的口述。他没有浪费时间停下来睡觉，因为他睡在马车里，这就是他的队伍比任何人走得都快的原因之一。在当时的情况下，如果一支军队能在一周内行进 100 英里就算是速度惊人，而恺撒则能做到以其几倍的速度行军。难怪人们会认为他是超人。

像拿破仑和其他魅力型的领导者一样，恺撒通过积极的反馈循环保持了他的情感能量：每一次与他人的会见都充满热情。他一边督促着别人，一边也振奋了自己。他所做的每一件事都有目的，通往成功的道路使所有的细节都变得有意义，并使他时刻保持警觉。

恺撒利用情感支配控制局势的能力源于他青年时代的一个偶然事件。在他摆脱了意大利的政敌之后，一群海盗劫持了他，并要求20塔兰特（古代货币单位）的赎金（这是一笔巨款，约等于现在的几百万美元）。恺撒突然大笑起来，反驳说自己值50塔兰特。恺撒的魅力还有一个特点：他会超越别人的期望，令他们吃惊，并由此获得了情绪主动性。当他的追随者们在为他筹措赎金时，恺撒的行为更像是那群海盗的领导者，而不是他们的俘虏：他参加他们的军事演习，甚至告诉他们在他想睡觉时保持安静。他开玩笑地告诉他们，在他被赎回后他会回来把他们都杀了。海盗们对此一笑了之，以为他不过是在开玩笑——但这正是恺撒所要做的。当他被赎回后，他立即集合了一支军队，攻入海盗的巢穴，将他们一网打尽。

另外还有一个关于恺撒对待金钱态度的早期故事。他来自一个政治精英家庭网络，罗马政治为他提供了很好的赚钱机会。但恺撒一点也不贪婪。对他来说，金钱要尽可能花掉以获得大众的支持。他引领潮流，向公众展示绚丽的表演、角斗士的厮杀，邀请他们参加宴会，分发救济品，以获得名声，进而赢得选举。慷慨是他的策略。这意味着他必须不断筹集更多资金，这也是他开始征服高卢的原因之一。但是，金钱是他达到目的的手段而非目的本身。正如我们在乔布斯身上看到的，金钱促进了他的事业发展，因为它是拓展人际网络的一种手段。

恺撒的一生都在忙碌中度过。诚然，他始于精英阶层，但他的一生中始终都伴随着危险的权力争夺战。他的好运就像滚下坡的雪球一样越滚越大。但恺撒一直在推雪球。他不断获胜的生涯中同样包括不断提高推雪球的技能。

7

困境

拿破仑陷入了三大困境。

·扩张过度

拿破仑在征战西班牙期间招募了成千上万人的军队，这场战争历时五年以失败而告终。从很大程度上讲，西班牙游击队作为不大，但他们分散在整个半岛上，缠住大量法国军队并离间军事指挥。总的来说，法国处于优势地位，但是一支从海上而来的英军登陆葡萄牙并不时地向西班牙进军，而后在惠灵顿的指挥下越战越勇。

拿破仑大部分时间都不在西班牙战场上，但当他坐镇指挥时便打败了英国军队（这是他最危险的对手），而且几乎是歼灭了他们。当拿破仑亲自指挥时，他的军队便能获胜，但问题是他还要兼顾德国和俄罗斯战事。当他不在的时候，法军将领们经常输掉战斗或陷入泥沼，与游击队作战的指挥官们散布在全国各地，内部互相猜疑，互相争吵。当拿破仑在场时，他有足够的精力和威望来协调他的下属；但当他缺席的时候，其他的法国指挥官们做得就没有那么好。

为什么做得不好呢？法国军队存在一个结构性弱点，即依赖一个“法力无边”的领导者，他比其他人拥有更多的能量，并由此能够集中各方力量。拿破仑在指挥战场上的成功增加了他的能量，但当他不在战场时就会削弱下一级指挥官的情感能量。

由此也就引出了一个问题：魅力集中化何时会起作用，何时又会适得其反？在拿破仑早期的执政生涯中，当他在 1799 年掌权成为第一执政官和作为法国皇帝的几年里，他激励了他的下属。这一时期他在进行繁忙的改革，重组各项事宜。后来，时局突变，他对团队的激励也就戛然而止。

这是一个组织在其发展周期中常会遇到的一种普遍模式。当它在一个魅力非凡的领导者的指挥下大获成功时，所有的网络都在不断扩张、互补互助。这是组织成员的蜜月期。一旦组织解决了最初的问题，它就会向着更丰厚的机遇和更强烈的对立面推进。不过它的敌人和对手也会从反击中学到一些东西。在这个阶段，单纯依靠魅力领导者反而会成为一个弱点。

· 迎头赶上的对手

第二个错误或束缚来源于政策——通过经济战击败英国，对英国实施欧洲大陆范围内的贸易禁运。从理论上来讲，这是一个合理的政策，因为法国没有英国的海军优势，也不能把军队运送到英国本土；而英国人则一度在经济上受到重创。（这也是第一次世界大战中英国针对德国使用的政策，海战升级最终促使美国参战。从这个意义上来说，该政策取得了预期效果。）但实际上禁运意味着关闭每一个对英运送货物的港口；这激起了当地人的抵抗，政府不得不派遣法国军队或强迫盟国同意对其海岸实行禁运。这步棋实属凶险。

拿破仑从革命政权手中继承了这项政策后并没有直接实施。但随着他的军事成就越来越多，诱惑之下他吞并了越来越多的领土以进行直接控制（最终他吞并了比利时、荷兰、德国北部沿海和意大利的部分地区）。人们拥戴拿破仑为解放者、充满革命精神的新纪元开拓者，法国人也重新做起帝国迷梦。他在俄国发动的战役（每个人都看出了其中的严重错误：拿破仑的军队并不是因为战败而受到摧毁，而是由于过度扩张和消耗），起初的动机就是企图迫使俄国人加入禁运行列。

拿破仑为什么不承认这是一个失败的政策然后知难而退呢？当时，革命的反教权主义使得法国社会一直处于冲突动荡之中。他与教皇达成协议（相关条款有利于政府对教会的控制，并且政府不用归还以前没收的教会财产）在法国恢复天主教，从而成功地解决了这一难题。在宗教上，拿破仑是一个典型的激进世俗主义者，但恢复天主教会对他而言算不了什么，在他眼中政治和平要更重要。

但是，贸易禁运就与拿破仑的军事成就有紧密联系。大多数反对他的外交同盟都源于其禁运政策，但每次拿破仑都能战无不胜并扩大了法国的势力范围。他正是由此成为欧洲的主人。即使他看到了贸易禁运政策在战略上的劣势，但它总体上也是成功的。拿破仑比任何人都更擅长战场上的指挥，所以这项政策所引发的一系列情况极大地激发了他的情感能量。虽然他的宏伟战略成了一个情感能量陷阱（外部反法力量最终将会超越法国力量），但当情感能量仍在持续的时候，拿破仑就能连连获胜。

经典案例 尤利西斯·格兰特消解了罗伯特·李的魔力

1864 年，尤利西斯·格兰特（Ulysses Grant）刚刚接管了弗吉尼亚北部的联邦军队，在此之前许多将领都败给了罗伯特·李（Robert Lee）。与此前一样，联邦军队的人员是其两倍之多，但李将军战术卓越，领导的南方联军越战越勇。他们在一片名为荒原的丛林中兵戎相见，和往常一样，联邦军队一片混乱。一个下属军官跑过来请求撤退时，格兰特的愤怒爆发了。

“我真的听腻了李要做什么。你们中的一些人似乎认为他会突然翻双筋斗，同时在我们的后方和两翼着陆。回到你的岗位上去，想想我们将要做什么，而不是李将要做什么。”

格兰特的愤怒徒劳无功。他们最终还是伤亡惨重，输掉了战斗。两天之后，格兰特执意要扭转颓势。转折点出现了。此前的两位联邦军队指挥官已经撤回北方进行补充修整，而格兰特则剑指南方。他命令军队绕过李的军队，目标是夺取通向里士满的一连串桥梁。李以他一贯的敏锐发现了这一点，并抢在格兰特之前另择道路南下迂回前进。李再一次占据了优势。

然而，战败的联邦军队夜行十英里，穿过仍在燃烧的丛林，突然看到了一幅意想不到的景象：格兰特将军和他的手下骑着战马一路向南。这一消息在昏昏欲睡的士兵间迅速传开；人们开始夹道迎接格兰特，他们鼓掌呐喊，毫无拘束地和他说话。他们点燃松节照亮这一激动人心的场景，大家都兴奋不已，以至于受惊的战马险些将格兰特摔下来。他们不再是一味地撤退，而是在朝着里士满进军。

胜利在望。

·等级制度重新抬头

拿破仑的第三个错误——或者也可以说是困境或人生滑坡——是他逐渐远离了革命中的平等和民主，然后用贵族等级和旧政权的规章制度取而代之。起初，拿破仑亲政能够获得支持是因为他结束了法国1789年至1799年间的血雨腥风。这一时期派系斗争十分惨烈，意识形态领域咄咄逼人，民主泛滥导致社会动荡。拿破仑恩威并施，成功地使法国稳定下来。他调整政策，避免了一盘散沙的国民大会内讧四起；他抚慰天主教徒，平息农民起义；他不再与流亡贵族为仇作对，并吸引其中许多人回到法国，给他们在政府中安排职位，让其劳有所得：贵族们和曾经的敌人一起工作，双方一笑泯恩仇。

拿破仑把他的政策视为通向成功的光明大道，就像自己从法国炮兵起家，然后一步步登上王位。他支持废除世袭贵族的革命，现在他则亲眼见证了自己建立的新精英阶层，每个人都可以通过努力来证明自己是称职的军官或文官，最终进入这个精英阶层。由于拿破仑的政权与战争密切相关，所以他需要重新对被征服领土进行统治，他需要改变法国和其他地方的法律和政府结构，而这一切都需要大量工作并要明确工作的成败标准。拿破仑想要奖励做成此事的人。他是一个熟练的组织者，知道有一支好团队（尤其是中等级别团队）的重要性。

因为这在国外似乎是最容易做的事情，所以他将自己最好的将军和政治盟友册封为新国王、大公和其他爵位，用权位来犒赏他们。法国国内的做法如出一辙，称帝之后，拿破仑同样对自己的盟友论功行赏，自己的宫廷从而由各级贵族组成。就个人而言，拿破仑并不喜欢他所推行（或重新推行）的等级制度（其实他也是不得已而为之）。他想要让国内政局稳定，哪怕是通过刻板的形式来实现。拿破仑设置等级制度的初衷是要让宫廷照章办事，杜绝徇私枉法，但这同时也使得其下属对此感到厌烦无比。

拿破仑的宫廷生活方式与他在其他场合下的生活方式形成鲜明对比——当他想与外国统治者谈判时，他会变成一个迷人、活泼、幽默的人。闲暇时，人们喜欢他；他的士兵爱戴他。他甚至喜欢晚上乔装打扮溜出去，只带一个随从在巴黎的街道上闲逛。然而，在自己的权力巅峰时期，拿破仑却决定通过传统的等级制度进行统治。他对自己的宠臣大加赏赐：世袭的贵族头衔、大地产，甚至是外国封地均在赏赐之列，而这些则与他的其他政策立场相矛盾——废除世袭特权，所有职位都对有才能的人开放。拿破仑在政治斗争中不得不进行妥协，但随着时间推移，他的妥协又使自己和周围的人失去了情感能量。

8

拿破仑的低谷时期

1795 年，春夏

由于拿破仑拒绝到被他视为乡下流放地的法国西北部赴任，他被免去将军一职。一位女士回忆起拿破仑在他父母家里生活的样子：

> 他进门时步履迟缓、茫然失措，一顶破旧的圆边帽遮住他的脸，蓬乱的头发垂在灰色大衣的领子上；他没戴手套，他觉得那是多余的开销；他脚上穿着一双做工粗糙、后跟快要磨平的长靴——总之，当我回想起他当时那副可怜的样子，再和他后来的画像相比，我几乎都认不出他来了。

拿破仑是最先接受新式潮流不再戴假发的人，而如今他却是这副模样，由此可见，无论是就运气还是就经济状况而言，此时的拿破仑都处于低谷时期。

他来到巴黎，苦心经营自己的政治人脉。这座城市对他来说就像一个疯狂的梦想，它追求奢华和快乐，弥漫着一种令他不适的气氛。保皇党的阴谋危险重重使局势更加糟糕。一位政界要员在关键时刻起用了拿破仑，等到10月他已在调集炮兵来保卫政府并粉碎了保皇党人的政变阴谋——拿破仑言行必果，他执意要让保皇党人尝尝火炮的厉害。不久之后，他又开始经常光顾当时最有影响力的沙龙，并准备娶一位成功的上流社会女士为妻。一切又在朝着对他有利的方向发展。

雾月18日，法国共和历第八年（1799年11月9—10日）

得悉政府又遭遇新的危机，拿破仑匆忙从埃及回国。除去中央因对地区机关控制薄弱而陷入财政危机外，问题还有军队领不到薪酬，债务累累，通货膨胀。此外，在督政府和议会内部，也在酝酿另一场清洗：敌对一方是前雅各宾派，他们想重返独裁，恢复1793年清除叛国流亡者时的恐怖统治；另一方则是想通过清除激进分子来加强中央权威的温和派。反雅各宾领导人西哀士（Sieyès）支持拿破仑，并向他提供军队以控制议会。拿破仑手段高超，人们热情地迎接他从埃及归来。双方都在试探他；雅各宾派建议通过军事独裁让拿破仑站在他们一边，但拿破仑不想代表一个不受欢迎的派系。拿破仑与另一方达成了协议：新宪政必须以三个执政官联合执政的形式出现，而他将是其中之一。

拿破仑不信任任何一方政客但确信自己有军方和巴黎人民的支持，当议会两院就接受老执政官辞职和新执政官人选而争论不休时他变得很不耐烦。最终他闯入上院并发表了一篇冗长拙劣的演讲。反对者打断了他——这对一位军官来说是一个很不寻常的事件，政客之间最喜欢的策略就是通过大喊大叫把对方轰下台。他转向他的副官们，如果反对者宣称他为非法篡权者（罗伯斯庇尔便是因此而下台）就会需要他们的保护。政客们嘘声一片，拿破仑只得在侍从的护卫下灰溜溜地退出会场。在下院，愤怒的议员干脆包围了拿破仑，用拳头打他，拿破仑不得不靠士兵把自己救了出来。他被这些议员吓蒙了：这些议员和他不是一类人，他无法通过威严的目光就让他们屈服。在拿破仑的一生中，这是他唯一失去情感支配的场合。

他的弟弟卢西安（Lucian）是下院的议长，负责处理当时的情况。在一次投票中，卢西安阻止了议员们投宣布拿破仑为非法篡权者的票，并跟随拿破仑向负责政客安全的议会卫队作演讲。卢西安声色俱厉地说道，英国人派遣的间谍身怀利刃，已经混在了议员中。他的这一警告在当时显然是捕风捉影。拿破仑附和弟弟的说法，向人们展示了脸上的血迹。议会中一时谣言四起，说有人企图暗杀拿破仑。众人的情绪发生了变化：当拿破仑的士兵用刺刀驱散议员时，议会卫队并没有进行抵抗。

一些议员甚至从窗户里爬了出来。尽管拿破仑受到了极大的冲击，但他还是坚持让议会的议程从形式上讨论完毕。从此以后，议会不再四分五裂，也不再对拿破仑构成威胁。但总而言之，拿破仑的智慧是专门针对战场而生的，在议会这种陌生的环境中并不起什么作用。

拿破仑皇帝的宫廷，1809 年 1 月

拿破仑在西班牙打败了英国远征队、扶持他的弟弟登上西班牙王位后便匆忙返回法国。他之所以如此匆忙返回，是因为谣传他的外交大臣塔列朗（Talleyrand）和警务大臣富歇（Fouché）秘密签署了一份协议，安排了拿破仑的继任者，以防他在西班牙发生不测。“贼！你不过是个贼！”拿破仑对着塔列朗喊道，“你能出卖自己的父亲！你只不过是长筒袜底的臭泥！”

塔列朗是一位冷静沉着的外交官，他一直沉默到拿破仑的愤怒平息。待拿破仑离开房间后，他说：“真是太糟糕了，这么伟大的一个人教养竟如此之差。”他的判断无误：拿破仑容易过分激动，斥责别人时有时会言过其实，不够稳重。

拿破仑显露了自己的弱势。为何他会如此？西班牙局势令他坐卧不安，拿破仑的兄弟作为傀儡国王也不尽如人意。法国国内阴谋和暗杀威胁不断。无论怎样，他都不喜欢正襟危坐的

早朝议事；几年来，当他感到厌烦时，他以当着女士们的面说话尖酸刻薄而闻名。幸运的是，似乎是刻意想要帮助拿破仑换个心情，新一轮的反法同盟正在袭来，这倒是一个他想应付的挑战。到了4月，他亲自出征奥地利，而后在瓦格拉姆战役中取得了他军事生涯中最辉煌的一次胜利。

莫斯科，1812年9月—10月

这是拿破仑军旅生涯中最困难的一次战役，但他依然完成了既定计划。拿破仑的军队攻占了敌人的首都。60万法军最后幸存10万人，大部分减员都是发生在进军途中，另有3万人在鲍罗季诺战役中丧生。行军两个月后，拿破仑在8月推进攻势：“一个月后我们就要到莫斯科了，六个星期后我们就有和平了。”然而，当他们到达莫斯科时，那里已是一座空城：门窗紧闭，街道空无一人——这与拿破仑此前经历的截然不同——没有夹道欢迎或者至少是看热闹的人群。法国军队进驻莫斯科两天后，俄国人放火烧毁了自己建设的大半城市。拿破仑占领了克里姆林宫，等着沙皇派出信使来讨论和平条约的条款。

现在是9月初，天气还不错；要想不在莫斯科过冬，现在应该是时候离开了。然而，拿破仑却一反常态地犹豫不决。五个星期来，他一直在等着的俄国信使也从未出现。他的用餐时间变得越来越长。他似乎有些茫然，手里拿着一本小说，百无聊赖。他的情感能量从未如此低落过。

最后，到了 10 月中旬，他终于下令撤退。法军士兵不再坚守他们的纪律，他们开始洗劫城市——随着财物越抢越多，他们变得步履沉重、行动笨拙。随之将至的严冬、撤退途中缺少食物和马匹，以及俄国人的偷袭，让法军损失惨重。拿破仑后来把这一切都归咎于天气，但是法军的大部分损失都是发生在攻占莫斯科的途中，而不是撤退的路上。尽管如此，人们印象深刻的却是法军撤退途中遭受的损失。无论怎样，拿破仑作为战无不胜的征服者的形象破灭了。当俄国军队终于把法国人从他们的土地上赶了出去时，俄军数量并不比拿破仑剩余军队的人数多，也没有进攻的余力。法军的损失并没有那么糟糕，因为大部分损失都是来自拿破仑的同盟（他们其实并不太情愿结盟）所派出的特遣队。

这时，德国人和奥地利人公然撕毁了他们被迫与法国签订的条约，拿破仑的主动权再次受到挑战。这是一种情感能量的转移，是一种宏观层面上的情感浪潮，它在普鲁士和其他地方的民兵组织中传播开来并席卷了德国统治者，使他们感同身受、心有戚戚。德国统治者原本对这种热潮一直都是高度戒备、处处压制，因为这种热潮让他们联想到了雅各宾派带来的社会动荡与恐怖。而对拿破仑来说，这则是地缘政治意义上的灾难，尤其是因为它影响了他的国际声望。敌人不再认为他战无不胜。

尽管如此，拿破仑在撤退途中比他在莫斯科时表现得却要更加乐观。在最冷的天气里，他特意穿着皮大衣与他的近卫军一同步行几个小时。12 月初，他决定提前赶回巴黎：国内一位将军假借拿破仑已亡的谣言试图发动政变。拿破仑这时必须向世人亮相并组建另一支军队。他们最终离开了俄国，但又不得不穿过敌对的普鲁士领土。拿破仑与他的大使科兰古（Caulaincourt）坐着马车同行，他伪装成科兰古的秘书。在路上，他对这位高贵的绅士开玩笑说，如果他们被抓获，普鲁士人会把他们交给他的死敌——英国人。

“科兰古，你能想象出你被关在伦敦中心广场铁笼里的可怜相吗？”大使回忆道，“他对这个滑稽的想法足足笑了一刻钟……我从未见过皇帝如此开怀大笑。我们都开心不已，后来有很长一段时间我们都没有找到比这个更有意思的话题。”

他对失败泰然处之。在 1813 年—1814 年的防御性战役中，他持续抵挡着不断向法国推进的普鲁士、奥地利和俄国军队，但对惠灵顿公爵从南部越过比利牛斯山脉却是无能为力。一个投向俄国人的法国元帅警告道：“每当皇帝亲自上阵时，你就得当心吃败仗。因此，要尽可能地攻击他的其他将军——毕竟他分身乏术。”当敌人占领巴黎时，拿破仑仍在战场上掌握着一支军队，但他的其他将军们预感到局势无望，于是提出停战协议，从而迫使拿破仑退位。

经典案例

经典案例：重整旗鼓——创建宜家

在2001年的全球富豪排行榜上，宜家的创始人英格瓦·坎普拉德（Ingvar Kamprad）名列第17位。他的瑞典公司彻底改变了家具的销售方式。公司几乎每一次创新都是发生在低谷期之后——每当公司遇到瓶颈，坎普拉德都会采取创新性策略来使公司化险为夷。

坎普拉德成长于一个做木材生意的家庭。十几岁时他便开始创业，进口办公设备，销售邮购家具。但当时的邮购业竞争非常激烈［巨头公司纷纷称霸一方，如美国的西尔斯·罗巴克公司（Sears and Roebuck）］，起初，宜家只能承担得起低质量家具的运输。1953年，宜家开始出售“自助组装家具”，把所有零部件都装在小平板箱里运输。这不仅节省了空间，还降低了运输成本和劳动力成本。邮购业务虽然没落了，但平板包装业务却得到了较好的发展。

为了吸引更多顾客，坎普拉德在城市郊区的廉价房中开设展厅，顾客可以在那里看到他们购买的家具。展厅吸引了大量顾客。宜家把它变成一个郊游场所，提供餐饮服务和儿童玩乐区域。展厅隔壁是一个仓库，顾客可以在那里挑选自己喜欢的家具，然后放进平板箱，带回家自行组装。

展厅既方便又现代化，不像老式家具店：空间憋闷，风格古板，销售人员无所事事，购买后还需等待送货。宜家的款式简约，很是符合新式斯堪的纳维亚现代风格。宜家正好赶上了瑞典战后经济繁荣发展的浪潮，同时，国内一些社会民主改革也是纷纷兴起：建立了公共住房，女性也获得独立。宜家为年青一代创造了新的需求，让他们能够自己动手装饰自己的新家。宜家的家具符合年轻人的生活方式，价格也在他们的预算范围内。对坎普拉德来说，运输成本现在已经为零。

瑞典老牌家具经销商对宜家的这种策略大为不悦。行业协会禁止坎普拉德开设展厅，并向政府监管部门投诉其违规行为。除此之外，他们还威胁瑞典的供应商，如果他们不切断与宜家的交易，他们就将进行报复。瑞典政府奉行社会和谐政策，所以为了保护家具行业便与家具协会一道反对宜家。山姆·沃尔顿也曾有过类似遭遇，他在刚开始接管阿肯色州农村的零售业务时，也面临着老式零售业商店联盟的反对，那些业主联合起来反对这种对他们自身构成威胁的新型经营方式。

坎普拉德的应对办法是，通过让公司走向国际来避开瑞典国内的封锁政策。他与社会主义国家波兰的企业达成协议，让它们按照宜家的设计生产家具部件。在波兰，共产党人不以市场利润为导向，并且国家会为工人提供他们所需的物资，所以坎普拉德得以签订了一项长期的独家合作垄断协议，这使得他的劳动力成本降低到在瑞典时的25%。1961年，冷战达到高潮。但瑞典是中立国，坎普拉德既不关注意识形态，也不惧怕它们。生意就是生意，和共产党人做生意也是一样。这位精明的商人最终获利甚丰。

为了与现代极简主义风格的专业家具更匹配，宜家提升了自己的设计品质。但同时由于降低了成本，其家具价格也随之降低。随着坎普拉德变得越来越富有，知名度越来越高，瑞典反对他的人也越来越少。宜家在某种意义上甚至成为瑞典的标志。

然而，社会民主党组阁的政府征收的财富税非常高，这一威胁促使坎普拉德又采取了一个重大举措。为了减少税款，他将更多的利润都投入到公司中，并在丹麦、挪威和北欧其他地方设立了子公司。这使得他能够从高税率的瑞典向低税率的国家输出资本，并为在国外建立税收居所（tax residence）铺平了道路。瑞典向他征的税越多，他就在国外建立越多的税收居所。到了20世纪70年代，他将宜家的所有权转移到了荷兰，而他本人也移居到了税收水平较低的瑞士。

顾客自行在货仓挑选家具然后自己动手安装，宜家的这一方式在全世界广为流行。这不仅是因为价格便宜，更重要的是这样还可以应对瑞典高额税收的威胁。

所有要打倒他的困难也同时使他学到了东西并进而获取了更多利润。

逆境使他避免陷入循规蹈矩。

9

残局：情感能量的丧失

拿破仑拯救了一个小公国——位于他的家乡科西嘉岛附近的厄尔巴岛，他退位后被流放到那里，等待事态发生转变。随后波旁王朝复辟，但事实很快就证明他们并不受人民欢迎。与此同时，战胜国就重新分配领土问题发生争执。十个月后，拿破仑重新回到法国，他召集旧部，与联军再次决一死战，也就是著名的“百日王朝”战争。和1814年一样，拿破仑寡不敌众。他试图在敌军汇集之前迅速将其逐个击破，但却惨败滑铁卢。

他乘坐一艘快速护卫舰前去投奔美国的朋友，但英国人封锁了大西洋港口。拿破仑只好决定在英国避难，尽管其他欧洲流亡者对英国的浪漫回忆早已成为过去。虽然两国一直是死对头，但拿破仑在船上和大家相处得却是很融洽。人们对待他还像对待皇室一样，英国舰长甚至向他脱帽致敬。英国人成群结队地来看这位曾经的法国皇帝时，拿破仑会向人们鞠躬行礼，而人们也会向他脱帽行礼。

英国政府并没有顾及人们对他的个人同情，而是刻意将他发配到了最遥远的流放地区——位于南大西洋的圣赫勒拿岛，这对拿破仑来说是一个沉重的打击。拿破仑的贴身仆人一度担心他会自杀，但他很快就恢复了常态。途中，他和舰长一起聊天打牌。当他的随从（一大群仆人和工作人员）抵达圣赫勒拿岛时，当地的英国人对他满是崇拜。每个人都想见见他，拿破仑一瞬间成了一个中心人物。有时他也会放下个人身份与他们开玩笑，不管是小孩子还是成年人。

但最终岛上生活开始令他备受折磨。他的传奇人生对当地的英国人来说已不再新奇。拿破仑的日常生活就是和严格执行纪律的英国总督争吵，重返欧洲的希望也是日渐渺茫。他开始发胖，嗜睡，整个人了无生气。这个曾经精力最旺盛的人在45岁时被废黜，以至于变得无所事事，最终病逝。他享年51岁。

10

能力到底是什么？

如果我们用“才能”一词来形容一个人的话，那么拿破仑可以称得上是不世之才。作为一个将军，他比任何人都优秀。作为一个管理者，他不仅能达成目标，还能带来永久的影响。他会依据个人才能来选拔文臣武将。这意味着什么？“才能”“能力”都是同义词，这些词语都暗示着一种虚拟模式：它很有可能发生。我们有充分理由相信一个人能做到某件事，所依据的仅仅是他们过去的所作所为。“能力”是一个伪名词，它只能通过行动表现出来。

总的来说，我们所谓的能力包括情感能量、敏锐的判断力、洞察力，以及说服他人加入集体项目进而实现伟大目标的人际交往技能。

我们有时会说一个人有能力但却未施展出来，这意味着他们偶尔会表现出自己能做什么，但大多数时候却没有。他们为什么没有表现出来呢？拿破仑就是一个反面例子。通过观察拿破仑人生的跌宕起伏，我们可以发现，一些人虽然水平极高，但在能产生情感能量的人际网络中依然若即若离。很少有人能够一直处于人际网络的中心，然后将这些网络联系在一起并在前期基础上做成大事。

在历史长河和社会空间中，人际网络的中心很少，因此情感能量极高的人也就很少。属于他们的时刻来临时，他们自身的情感能量就会提高，他们会关注并提升周围人的情感能量，而这些人反过来又将聚焦的情感能量向外辐射到成千上万的人身上。人际网络的扩展过程充满波折，中心人物对它的控制也是时断时续。而且这个网络还会重新洗牌，一切推倒重来。网络焦点的辐射能力减弱。情感能量消亡。位于人际网络中心的伟人逝去时，犹如电网停电，灯光瞬间熄灭。

经典案例

天才在于你如何看待它

当我们无法理解某人是如何做出令人印象深刻的事情时，我们就会称其为天才。它与“天赋”或“天资”之类的词相一致。我们对此无能为力，因为只有极少数人拥有这种才能。

这是一种错误观念。

仔细观察过后我们就会发现，天才总是知道做事情的技巧。这并不是什么神秘之事，只是我们没有发现它们而已。

如果你因为不喜欢数学而想跳过下面的部分，那么在接下来的3分钟里，请试着抛开这种感觉。不喜欢某种东西是一种情绪，而成功者与失败者之间最大的差别就在于能否控制自己的情绪。接下来的部分将会告诉你如何控制自己的情绪。

卡尔·高斯（Carl Gauss）被视为有史以来最伟大的数学家之一。他还是一名小学生时就初显天分。他当时就读于德国一所乡村小学，老师为了不让孩子们闲着，就给他们布置了一道复杂的数学题：1+2+3……这样从1一直加到100等于多少？

不到一分钟，高斯就在纸上写好了答案，然后走到老师的办公桌前。老师对此感到十分惊讶，他本以为自己对数学运算已经十分了解了。他意识到眼前这名小学生非常有天分，便安排他去一所更好的学校学习，并且可以获得政府奖学金。这个来自农村的小男孩从此开始了他的职业生涯，其中包括他在电学基本原理方面的发现。

高斯是怎么做到的呢？我们大多数人都会这样一步一步运算：1+2=3；3+3=6；6+4=10，等到10分钟后，甚至是更久，我们才能加到100。

高斯则用不同的方式进行运算。他的脑海里呈现出了从1到100的整个数列，然后发现了其中的规律：1+99=100；2+98=100；3+97=100……他将数列分成两个部分，并将前后依次相加，因此答案就是一定数量组合数乘以100。显然到最后，49+51=100。

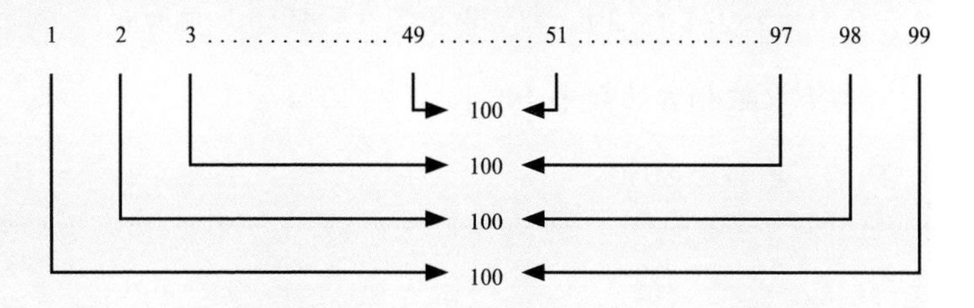

所以答案就是49乘以100（即4900）再加上剩下的部分（即50和100）。最终答案是5050，也就是高斯交给老师的纸上所写的数字。

你可以在你的脑海里运算，甚至不用写下来。对于那些不知道是如何做到的人来说，这被视为天才的表现，或者至少也会认为这种做法非常聪明。

后来高斯与大家分享了他的秘密。他学习了代数之后，写出了一个计算任意数列相加求和的公式。如果你不喜欢数学或者一见数学符号就晕，它看起来就会显得很陌生。但实际上，这只是一个习惯数学语言的问题。

［如果你不想看，你可以跳过下面这个公式。］

Sn = n ((n–1) / 2) + n

也就是说：Sn［即从 1 到 n 所有数字相加之和］

等于 n［高斯老师的计算题中 n 为 100］乘以（n–1）/ 2［即（100–1）/ 2］［即 100 × 49.5 = 4950］再加 n［也就是剩下没被相加的数字 100］

总和为 5050

尝试一下：你可以将你想到的任何数字代入这个公式（3、48 或其他任何整数）。

［有数学恐怖症的读者可以继续阅读啦。］

重点不在于学习如何在大脑中进行算术运算，而在于相信自己或其他任何人都可以成为天才，只要你学会了其中的方法。

这就是所谓的“天才发明了方法”。他们是怎么发明的呢？

1. 从另一个角度去看问题。通常的算法是，先把 1 和

2 相加，再把结果与 3 相加，依此类推，直到加到 100 为止。而高斯则将全部数字看作一个整体，前半部分数字中的 1—49 和后半部分数字中的 51—99 就像拼图一样正好可以结合在一起。

2. 避免思维定式。这意味着我们应该找到方法，而不只是习惯性地直接相加，即寻找不同方式来解决问题。

3. 注意观察细节。大多数人可能都会说，思考如何算出一连串数字相加的结果很无聊。但用传统的方法更无聊，你需要先把 1 和 2 相加，再把结果与 3 相加，依此类推。如果你仔细观察细节，直到你发现不同的方法为止，那么整个事情就会闪现出新的光芒。**如果你是一个非常注重细节的人，你就会享受细节给你带来的好处。**

4. 启示：天才会以一种新的、有效的方法重新调整细节，进而激励自己。这也意味着要成为天才需要克服两个障碍：第一，那种方法看起来很神秘，你可能做不到；第二，当你使用那种方法时，你会发现很无聊，因为它专注于细节。但这种看法是错误的：冠军击球手就是这样纠正他们的挥杆的。现在我们可以抛开“天才”这个愚蠢的词了，擅长做某事的人通常会高度重视细节，所以他们也就比其他人做得好。

这个道理同样适用于音乐领域的“天才”，或者是人类涉猎的任何领域。但关键是，人们通常看不见天才能发现的最好方法，人们甚至不知道解决某件事是有方法的。曾有一位优秀的微观社会学家，他发明了一些有用的研究方法，并在情绪研究上有了重大发现，他告诉我们的一位作者，他认为莫扎特是一位天才。我问他是否懂得如何制作音乐。他说不懂，他不仅不会演奏乐器，甚至连乐谱都读不懂。他只知道自己喜欢听什么样的音乐，而莫扎特的音乐听起来就像是天才所作。

但莫扎特其实也是有方法的。他的父亲是一位职业音乐家，在他 3 岁时就教他弹钢琴，让他学着自己作曲。我看过一首莫扎特 6 岁时创作的乐谱，看起来非常简单，像我这样的普通钢琴演奏者也可以演奏出来。一方面，在某种程度上，6 岁的孩子能够创作出这样的作品令人感到很惊讶；但另一方面，这是一个非常简单的作品，并没有什么精彩之处。人们现在认为，莫扎特独特的音乐风格形成于他 18 岁时。这意味着他花了 15 年时间不断练习，直到自己学会如何以真正新颖的方式去进行创作。他一直在改进自己的作品，他最优秀的歌剧以及其他一些作品是在他二三十岁时完成的。由于他很早就开始学习音乐，所以当他将乐符、节拍及和声用最完美的方式结合在一起时，他其实已经练习了 25 年。

他出色的创作方法并不是靠直觉获得的，而是花了很长时间才学到的。和其他有创造力的人一样，他会非常细心地观察优秀的作品是怎么完成的。通过模仿其他作曲家的风格，他将数百个音乐片段组合在一起。他知道如何通过重组细节来获得更好的效果。

把某人称为天才，只是因为你把自己看成了一个门外汉。同样，为了做成某些事情，你必须让自己成为一名内行。

富有创意的内行人士都会对细节提出质疑，并会思考如何用新的方式将它们整合起来。这就是乔布斯所做的事，这也是拿破仑所做的事，只不过他们所属的领域完全不同。他们会在微观层面与周围世界进行创造性的互动。

第三部分

是什么使得
亚历山大大帝如此伟大

亚历山大与恺撒、拿破仑一样，都是大名鼎鼎的历史人物。从内行的角度来看，我们可以从他们的成功秘诀中学到些什么呢？他们在战场上所向披靡，对现代人在商业及其他领域获得成功又有什么启示呢？

拿破仑之所以能够成为一位常胜将军，原因在于，他是在社会结构转型时期登上权力舞台，以及他的各级人际网络一时彼此交错并形成合力，从而使他成为一个具有巨大情感能量的中心人物。

亚历山大大帝可与拿破仑匹敌，他的军事胜利纪录甚至比拿破仑还要高。他同样处于社会结构转型的风口浪尖。

回到公元前300多年，那是亚历山大生活的时代，那个时代的道德标准与现在有所不同。人与人之间的关系常常通过直接的暴力方式解决——从我们现在的角度来看，这可以说是极其残酷。尽管如此，其中仍有一些成功的模式值得我们学习。

1

以最高的平台为起点

是什么使得亚历山大如此伟大?

首先是他父亲的军队。

亚历山大大帝因征服波斯帝国而闻名天下。波斯帝国是当时世界上最大的帝国，东西横跨 3000 英里，南北绵延 1500 英里。这次远征原本是由他的父亲（马其顿国王腓力二世）一手策划和准备的，但腓力二世在欢送宴会上被人刺杀，领导权便转移到了年仅 20 岁的亚历山大手中。过了两年多，在确保马其顿人和希腊人都臣服于他之后，亚历山大便开始了他那长达 10 年的史诗般的远征。

我们不应该总是在事情的因果关系上兜圈子，而是应该追问：腓力二世是如何建立起这支战无不胜的军队的？答案必须从这支军队的组织方式和战斗过程中去寻找。

马其顿军队在希腊重装步兵的基础上进行了改进。希腊士兵习惯以密集队形进行作战，这样就形成了一个由盾牌、盔甲和长矛组成的坚固屏障。作战的总体目标是使军队集结在一起形成一个矩阵。在重型盔甲的保护下，士兵们可以避免被弓箭、石头或标枪伤及；有一种罗马方阵被称为“乌龟阵”，因为它不会被任何东西伤及。

于公元前600多年到公元前500多年发展起来的希腊方阵，与史诗《伊利亚特》（公元前750年左右）中描绘的传统战斗模式相比，已经有了巨大的转变。传统战斗模式可被称为“狂暴的英雄式”。战士们跟在英雄头领身后冲锋陷阵。英雄并不下达实际的命令，而是冲在最前面做出示范。像阿基里斯（Achilles）、赫克托（Hector）和阿贾克斯（Ajax）这样的英雄都会怒吼着冲上两军之间的战场，有时也会与敌方英雄交战，但更多时候都是冲向一支较小的部队，吓倒对方，并纯粹以气势（即情感支配）战胜他们。

这种狂暴式战斗风格保留了“野蛮人”军队的作战方式，也就是说，军队并没有纪律严明的方阵。英雄狂暴者永远无法击败一个坚守阵营的希腊方阵或罗马方阵；希腊人总能打败其北方和东方的野蛮人，罗马人同样也总能战胜其内陆的敌人。

另一方面，当两个希腊方阵对战时，就会变成一场推搡比赛。除非有一方方阵溃散、选择逃跑，否则几乎不会有士兵阵亡。大多数情况下，战斗双方都会僵持不下。当然，如果他们愿意，城邦之间也可以避免战斗，双方都可以选择隐蔽在围墙后面。只有当双方在选定地点集合并做好充分准备之时，才会通过布置方阵来进行战斗。

重装步兵方阵的主要缺点是机动性差。重装步兵，顾名思义，步兵所携带的装甲非常重。敌人发动袭击后就逃跑可能会干扰方阵，但若敌人留下来选择正面交锋就会被打败。公元前401年至公元前399年，色诺芬（Xenophon）参加了一场波斯战役，返回希腊后他在其著作《万人远征记》中记录了这一真实的作战过程，希腊人也就听说了这些故事。一个波斯王位的争夺者招募他们作为雇佣兵。但当他们深入美索不达米亚腹地时，其波斯雇主在战争中身亡，万名雇佣军不得不为返回家乡杀出一条血路。他们首先要与波斯军队作战，其后在通往黑海的道路上还要对抗那些原始山地部落。

波斯军队介于狂暴的英雄和纪律严明的希腊人之间。他们以压倒性的人数优势迫使敌人投降；他们通常按种族划分士兵，每一种族都有自己独特的武器。在这些恐怖的武器中，有轴上装着镰刀的战车，有时还有用来作战的大象。从部落招募来的部队通常会被安排在侧翼，作为投石兵、弓箭手和标枪兵；这些属于轻装部队，由于他们是远距离作战，所以没有配备盔甲。亚历山大大帝对抗的波斯军队拥有相同的配置。

但是，这些军队都无法击败纪律严明、坚守阵营的希腊方阵。只有当战车碰到方阵的长矛时才能靠近敌军，但马匹不愿靠近长矛。同样，士兵也很难控制大象，它们也会避开长矛。希腊人很快就认识到，只要他们保持队形，就几乎可以战胜任何规模的军队。

但有个问题是，方阵固然可以击退用弓箭和投石器进行攻击的轻装部队，但因重装步兵负荷太重，方阵既无法追赶敌人，也无法阻止他们反复进行攻击。因此，解决办法就是在方阵周围增加专门的部队，雇用自己的野蛮人弓箭手和投石者，并增加骑兵，主要用于追击逃跑的敌人。

腓力二世的马其顿军队吸收了当时所有最先进的战术改进。

首要的是，他在方阵的两侧增添了重装骑兵。增添骑兵不仅仅是为了在敌军溃散时可以乘胜追击，它还可以破坏敌人的阵形。腓力二世是最早熟练运用联合兵种作战的统帅之一：方阵可以阻击大股敌人的进攻，骑兵则可乘机从侧方或后方打破敌军阵形。

由于马其顿人刚从游牧生活转变为农业定居生活，因此他们可以将不同的作战风格结合在一起。最优秀的野蛮人被补充到最优秀的希腊人中。腓力二世招募农民作为方阵成员，而让贵族充当骑兵，因为他们经常骑马打猎。因此，腓力二世及亚历山大的骑兵就被称为“伙伴骑兵”（Companions）。他们既是精英，也是国王的酒伴。后文我们将会看到，正是因为把酒伴安排在了军队的核心位置，最终才会带给亚历山大不尽的悲痛。

其次，腓力二世也从科技最先进的希腊人那里学会了攻击堡垒的技巧。其中包括使用投石机和攻城车、挖掘地道（从而破坏城墙），以及攻城梯和防护顶（可以保护正在破坏堡垒的士兵）。

腓力二世的第三项创新是实行轻装行军。如果希腊的城邦军队要去离家很远的地方，他们就会使用巨大的行李搬运车。随行人员包括携带盔甲和物资的奴隶、私人奴隶、妇女，以及随军流动的平民，这往往会使整体人数加倍。腓力二世让每个士兵都带着自己的装备。他禁止使用手推车，因为手推车不仅行驶缓慢，还容易堵塞道路。他将驮畜的数量降到最低，因为它们会增加侍从人数。当军队需要远征时，如何解决后勤补给问题就会成为头等大事。在这个问题上，亚历山大采用了他父亲的解决办法。

经典案例

如果不能继承，就加入其中

亚历山大可以接管他父亲的军队，但很显然，并不是所有人都能接管世界上最优秀的组织。有时候，儿子接管了父业之后也会使其享誉世界。20 世纪 20 年代正值航空客运业飞速发展，19 岁的霍华德·休斯（Howard Hughes）继承了父亲的工业设备制造公司。他投身于飞机赛事并用自己的创新型飞机多次创下纪录，同时还参与了好莱坞的电影制作，过着花花公子的生活。20 世纪 30 年代末他接管了一家国内航空公司，并在二战期间通过运输海外军事物资大赚一笔。战争结束后，他趁势成立了环球航空公司（Trans World Airlines）——这是首批国际航空公司之一。尽管在 1978 年美国放松航空管制后，环球航空公司经历了兼并和破产，但它一度是世界领先者，而霍华德·休斯则是最著名的顶级创新者之一。

但这种情况并不经常发生。一旦某个公司在一个成熟的行业领先后，继承该公司的年青一代就很难将其提升到一个新的水平。

历史上的大赢家总是会在某一领域变革的临界点适时进入。这一点非常典型。例如，拿破仑进入了法国军队的炮兵部队，沃尔玛的沃尔顿和宜家的坎普拉德则成功地做到了大众营销。乔布斯和所有的硅谷名人也都是如此，这些名人甚至可以追溯到戴维·帕卡德（David Packard）和威廉·肖克利。

这里的诀窍就是预测出变革究竟会在何处发生。如今，你可以在商学院学习专业的预测方法。但更好的方法则是，根据你自己的亲身经历来进行预测。

我们可以先排除一些地方。个人通常无法在大公司和官场取得历史性的成就。当然，这并不排除有的人总是能在这样的组织中成为顶尖者，赚一大笔钱，并产生一些或好或坏的影响。但是，他们的事业与那些做出历史性改变的人物的事业无法相提并论。

一个存在多年的组织很难再发生重大变革。当然，该组织的某些部门有可能处于变革的最前沿。就官僚机构而言，你可以通过找到合适的工作部门，学习其成功的方法和秘诀，然后自行拆分来挖掘变革的可能性。

罗斯·佩罗于1957年加入IBM，他做了5年销售代表，向商业公司销售大型计算机。由于佩罗之前曾是美国海军军官，他敏锐地察觉到了一个市场空缺：向政府机构提供计算机服务。1962年，他创立了美国电子数据系统服务公司，该公司并不销售机器，而是为客户提供数据处理服务。他最大的客户包括联邦政府、得克萨斯州公立学校教育委员会、大型医疗保险公司，以及一些外国政府。他曾与联邦政府签订合同，用计算机来记录新建立的医疗保险数据。佩罗虽然是一个重商的共和党人，但他却跨越了意识形态界限，引领了政府服务外包的趋势。他曾多次以高额利润出售自己的公司，然后再创办新公司。1992年佩罗参加了总统竞选，他像往常一样不走寻常路，成为第三党候选人。

这与硅谷早期引领者威廉·肖克利的经历一样。肖克利起初为垄断企业“贝尔大妈”（Ma Bell，其官方名称为美国电话电报公司）工作。在电话系统的垄断被打破并放开竞争之前的一段时间里，美国电话电报公司和其他竞争公司一样，规模非常大，官僚主义盛行。这并不是电话的未来。但美国电话电报公司是首批创建科研实验室的公司之一，并致力于探索创新项目。肖克利在贝尔实验室工作了14年。20世纪40年代他与一个开发晶体管的小组合作——这是实现微电子技术的第一步，它取代了运行缓慢的老式真空管。肖克利是该研究小组（小组成员为晶体管发明的荣誉归属权争吵不休）中表现最积极最活跃的成员。由于肖克利在贝尔实验室无法得到晋升，1956年他离职创立了自己的公司。为了尽可能远离东海岸，他把自己的公司从新泽西搬到旧金山郊区。肖克利极其低调的公司不断衍生出新公司，新公司再进一步衍生出新的公司，这些公司制造硅芯片并发现了它的无数用途，“硅谷”也由此而得名。

启示：如果目前的高级平台是官僚体系的一部分，那就加入这个平台，在那里待上足够长的时间，学习它的技术和潜能，但注意不要被这个组织拖垮。在这个平台待上5年或10年时间（根据具体情况决定时间长短），然后开始建立你自己的组织。

2

泰格·伍兹训练法

亚历山大出生于公元前356年，当时他的父亲正在改革马其顿军队并开始征战。很明显，腓力二世常年不在家，也不可能带着一个小孩上战场。但在亚历山大小的时候腓力二世就以非正式的学徒方式训练他，等他长到一定年龄，就尽可能地让他陪伴左右。

亚历山大10岁时发生了一件著名的事情。他的父亲正在买战马，有一匹骏马非常难以驾驭，腓力二世打算把它送回去，但亚历山大恳求父亲让自己尝试驯服它。亚历山大注意到，这匹马只要看到自己移动的影子就会受到惊吓。于是，他将马的脸转向太阳，并温和地抚摸它以让它平静下来，最后他跳上马背，飞奔而去。抛开这类故事常见的“英雄具有远见”的说法，我们可以看到，10岁的亚历山大已经是一个细心的观察者，知道如何管理周围事物。他既谨慎又冲动，等待时机采取行动。这不只是一个小男孩与马之间的有趣故事，它还彰显了一个10

岁孩子少有的成熟。亚历山大展现出的品质与他父亲非常相像。

尽管父亲和儿子会发生冲突并且互相嫉妒，但腓力二世很早就认为亚历山大是他心目中理想的继承人。亚历山大 16 岁那年，腓力二世在出兵远征前让他任摄政王，亚历山大亲自带领军队镇压了马其顿北部发生的一场叛乱。此后，亚历山大便陪同他的父亲一起远征，指挥战斗中的精锐骑兵——“马其顿伙伴骑兵”。

腓力二世也有其他的儿子可以担任这个职位。腓力二世一生共有八位妻子，亚历山大的母亲是其第四任妻子，所以亚历山大有很多同父异母兄弟。我们可以推断，亚历山大从小就表现出了他的天资。也就是说，在一个自我强化的良性循环中，他很快就学会了父亲的军事技术并由此获得更多机会。他已经超越了竞争对手。

马其顿朝廷内部竞争非常激烈。政治婚姻为王位继承创造了很多竞争对手，而失败者最终很可能会死去。亚历山大参加的第一次淘汰赛不只是要看他在战场上的指挥才能，还要看他在朝廷内如何保住自己的继承权。

亚历山大 18 岁时，他的父亲娶了一位新的王妃，王妃的叔叔是腓力二世的一位将军。在婚宴上，这位将军举起酒杯祝腓力二世早生贵子，早日诞生新的继承人。亚历山大听后，一把把酒杯扔在那位将军的头上，喊道：“你把我当成什么了？一个杂种吗？”腓力二世拔出他的剑准备砍向亚历山大，但却失败了，因为他喝醉了，站不起来。事后，亚历山大和他的母亲不得不流亡在外，但最终他还是被召回了。不久之后，腓力二世被另一名亲信刺杀身亡，亚历山大的母亲便处死了这位新王妃和她的婴孩，亚历山大成为新的国王。

亚历山大到 18 岁时已经经历了很多。

亚历山大在学徒期学到了什么？显然，他学到了腓力二世在战争中领导军队的战术，还有如何招募士兵和训练军队，因为在亚历山大 10 年远征波斯期间，他曾多次补充自己的军队。亚历山大一定也学会了如何使用轻便的行李车行军，因为他在远征波斯时就是这么做的。这应该是他父亲的将军们的职权，尤其是帕曼纽（Parmenio）。帕曼纽是他父亲那一代的人，同时也可能是亚历山大的导师。帕曼纽主要负责那些较为棘手的问题，如指挥非马其顿军队，安排后勤和行李搬运车等。在亚历山大远征的初期，像帕曼纽这样的军官主要负责基本的苦力工作。

亚历山大最终抛弃了他的导师。在远征的第二年，亚历山大获得了重大胜利，击败了波斯国王，但却没能俘获他。帕曼纽建议亚历山大接受和平解决的提议，他说：“如果我是亚历山大，我会接受这个提议——把波斯帝国与战败的波斯国王分开。”而亚历山大则反驳道：“如果我是帕曼纽，我也会这么做。”

第四年，亚历山大在征服了波斯帝国的腹地之后，开始了对东部边缘地区的远征，并抛下了帕曼纽。师徒关系也就此结束。后来，当他的军官们内部出现纠纷时，亚历山大以参与谋反罪为由处决了帕曼纽的儿子；而且为了以绝后患，他还下令暗杀帕曼纽。

经典案例

避开官僚阶层，绕过学历队伍

许多人生大赢家起步都很早。亚历山大 16 岁就掌控了自己的军队，22 岁就开启了伟大的征服。他的父亲腓力二世起步也很早，24 岁就在一场政变中夺过国王的宝座并建立他那世界级的军队。拿破仑 16 岁时已是一名军官，到 26 岁时已经成为一位战无不胜的将军。乔布斯 22 岁时创建苹果电脑公司，25 岁时已成为著名成功人士。

并非所有成功人士在年轻时就能有所成就。但有所成就的人证明了这是可以做到的：年轻人也可以拥有获得巨大成功的技能。最重要的是，这些技能可以相互影响并产生源源不断的情感能量，这种情感能量又可以建立起成功的人际网络；他们知道如何专注于重要的细节，以及如何在必要时动用情感支配。

为什么有些人年纪轻轻就能获得成功？或者说，为什么大多数人都做不到？有些人在年轻时就能迅速获得成功，有些人却要沿着等级的阶梯缓慢艰难地攀爬，是什么将这两类人区别开的呢？

对普通人来说主要有两个障碍：我们的世界充斥着官僚等级制度和学历文凭制度。这两者尤其是现代社会通往成功路上的绊脚石。

官僚等级制度和学历文凭制度都会降低人们成功的速度。成功之星们是怎样避开这些的呢？关键是要提早在成年人的世界里开始打拼。想要在二十几岁时获得极大成功，你需要学习的东西非常多——不仅仅是单纯掌握一些有关行为举止的知识。这意味着要比他人起步早10年甚至更多。这就要求你成为成年人竞技场上的一名选手，学习做事的方式，以及知道是谁在竞技场上处于领先地位。显然，一个10岁的孩子不可能十分擅长这些，但这样的例子却说明了什么样的技能可以从那个年纪起就开始培养。

拿破仑并不是他那个时代唯一年轻的国家领导人。小威廉·皮特（William Pitt）在1784年到1805年的大多数年间都是英国的首相，因此他也是法国和拿破仑的头号对手。他在25岁时成为首相，并在之后的近20年间连续任职——这在议会民主政体下是一项十分了不起的纪录。年纪轻轻的他是如何做到这一切的呢？

他的父亲（老皮特）曾出任过首相一职，但老皮特并没有把他送到学校就读，而是把他培养成为一名演说家和政治家。小皮特是一个非常严肃的工作狂，他对除政治以外的东西丝毫不感兴趣；他回避社交，一生未婚。到22岁时，他不仅自己跻身议会，还对各个政治派别施加影响，将每位议员都玩弄于股掌之间。

危急关头常会造就伟大领袖的诞生。小皮特进入议会时，正值政府因在美国独立战争中战败而颜面扫地，而当时的在野党也因内部两个派系之间的斗争而分裂，其中一个派系的领袖便是小皮特的父亲。小皮特没有加入任何一派，而是开始高调争取议会改革，并且拒绝任职，直到国王全权委托他组阁——小皮特终于可以像拿破仑一样自由推行自己的想法了。他的同僚还在争吵不休、一事无成时，他就已经雷厉风行地行动起来。

小皮特打破了改革的僵局，提升了下院地位，使其凌驾于上院；将财务大臣置于政府官员最高位，减少选举腐败；财政收入合理化，金融状况良好，从而为对抗法国的军事行动提供了大量支持。小皮特的成就可以和法国大革命及拿破仑所取得的成就相媲美。当巨大的结构变革久经酝酿后终于由一个精力异常充沛的人实现时，历史上伟大的领袖便由此诞生。与拿破仑一样，小皮特在卸任后不久就过世了，他精疲力竭，享年47岁，与拿破仑被推翻时几乎同龄。

旧组织中出现的危机和僵局为年轻人提供了机遇。我们从拿破仑手下的将军中可以看到这一点，他们中有许多人首次获得指挥权时的年纪比拿破仑还小，并且是通过层层晋升才升至高位；“不想当将军的士兵不是好士兵”这句话不仅仅是句俗语。当然，大量作战也给他们提供了机会；而且像拿破仑一样快速晋升的将军也会提拔精力充沛的人，所以强大的“联票效应”也起了作用。这种状况与20世纪及21世纪美国和其他地区军官的军事生涯形成鲜明对比：大多数军官都要到50多岁乃至60多岁才能晋升为统帅。具有讽刺意味的是，与官僚体制之前的时代相比，我们的精英领导体制反倒更像是老人政治。

下面我们再来说一说快速的商业成功：获得这种成功最大的障碍是学校制度。

不错，我们的学校制度在形式上是英才教育。你的分数高低和在学业上能走多远都取决于你在考试上的表现，与家庭背景和是否存在偏袒无关。

但是，学校制度会降低人们成功的速度，因为它本身也是一种官僚体系。这意味着学校会分成专门的部门，按照计划的顺序安排好。每一年都是一个不同的年级，开设有不同的课程，教授各种各样的学科。最重要的是，官僚主义的制度用规则和记录的方式控制着一切。在学校制度下，你取得的所有进步都写在你的档案里：你所学的课程、你得到的评定等级、你的考试成绩、教师鉴定报告和推荐信。获得高中文凭，或者学士学位，或者医学博士学位，又或者是工商管理硕士学位，都只不过是你的档案中多了一项记录而已。在像现代美国（以及几乎所有其他国家）十分看重学历证书的制度下，你需要先获得一个相对较低的学历，才能被录取进更高一等的学府，进而取得更高的文凭。最终，你走出学校进入工作市场，在那里其他官僚机构的雇主会根据你的学历证书来决定是否要雇用你以及你的工资水平。

所有的事情都要经过标准的程序，这些程序要花费的时间也有一定标准。根据法律规定，从6岁起你就要在学校进行一定年限的学习，正常情况下每年你都要向上升一个年级。的确也允许有例外的情况，学业表现优异就可以跳级。第二次世界大战之前，学业表现差的孩子需要留级重读，但随着官僚主义的惯例越来越深入人心，这种现象也就消失了。不过，虽然用功学习的孩子可能会跳级，但私下里并没有人鼓励这种行为，父母和孩子自己也都是如此。同辈压力（peer pressure）深深地渗入这个制度中。美国的学校尤其以社交和体育为中心，所以年龄较小的孩子跳级后会受到同伴的排斥和轻视。

如果年纪轻轻就成功的秘诀是尽早在成人世界里开始打拼，那么学校所做的则完全相反。学校会确保年轻人与同龄人尽可能步伐一致，并确保他们有青年人该有的样子，而不是有着成年人一样的行为举止。

这是由于学校制度已经成为一系列互相牵制的官僚体制，这个长长的过程不仅贯穿一个人的青少年时期，还会延伸至二十几岁或更年长的时候。20 世纪 50 年代才开始出现“青少年”这个词，那时美国的教育家努力推动所有人都去高中读书。在那之前，离开学校的年轻人直接加入劳动力大军，那时他们就不得不像成年人一样行事。直到读高中成为一项义务后，青少年这种刻板形象才开始现身：与成人疏远，追求时髦，沉迷于受欢迎的体育运动和聚会，追求刺激和说干就干。当然，也有许多青少年并非如此，但他们的个性已被淹没在大部分青少年所遵循的地位等级之中。

那么怎样才能尽早开始一个人的职业生涯呢？许多大获成功的企业家都在一定程度上经历过学校制度，但同时也在年轻时就开启了自己的事业。山姆·沃尔顿雇用他的大学同学来分发报纸。沃伦·巴菲特（Warren Buffett）12岁时就开始投资。社会学家米歇尔·维莱特发现，20世纪赚到大钱的一大部分人都来自于企业家的家庭。他们的父亲或其他近亲经营独立的生意；他们不是在那些有家人在官僚机构工作的家庭中长大的。这些年轻的未来企业家在年纪很小的时候就耳濡目染，学会了如何做事、如何卖产品、如何做交易、如何筹钱和投资、如何寻找商业机遇等。事实上，他们经历了真实的学徒生涯，透过内部人士的视角知道了如何自己赚钱。这与官僚主义学校制度的风气(即象牙塔式培养、与他人保持一致)刚好相反。

科学事业则是这方面的一个例外，你需要经历学校制度才能获得在顶尖科学家的实验室里当学徒的资格。但就算是在这个领域，顶级科学家也只有将他在教育界的资源与在别处学来的实业家精神结合起来，才能赚到很多钱。

即使在学历文凭制度膨胀的年代（很大一部分人20多岁还在上学），成功的企业家也是那些知道什么时候该自己创业的人。乔布斯、沃兹尼亚克、比尔·盖茨和保罗·艾伦（Paul Allen，微软两位创始人之一）、拉里·埃里森（Larry Ellison，世界上最大的数据库软件公司甲骨文老板），以及高科技电脑领域的后起之秀，在机遇出现时都果断地选择了辍学。霍华德·休斯19岁时从大学退学，在蓬勃发展的飞机制造业内部学习。他们没有追求学历（即进入另一个官僚主义体系的资质）。对成功人士来说，新技术是一个竞技场，在这里你可以自己采取行动、创造发明、建立市场、创建组织，并且这些可以同时进行。迅速扩展这样的人际网络，可以迸发出有助于你走向成功的情感能量。

3

接手的理想目标

亚历山大大帝之所以能够成功，也是因为当时的波斯帝国是一个完美的征服目标。

下面我们来详细解读一下。波斯帝国当时已经建制完备，因而对亚历山大来说也就可以全盘接管下来。伟大的波斯国王们已经在先前基础（米堤亚、巴比伦、埃及等王国，以及那些从未建国的广阔地区）上建立起一个统一的行政结构。在公元前6世纪征服者居鲁士大帝时代之前，中东两个富饶的河谷地区美索不达米亚和埃及由于水运而聚集了大量人口。在此基础上，几个强大的国家相继出现。但伊朗和邻近的高地和平原上则是人口稀少，只存在一些流动的游牧部落联盟。其他部落生活在较为封闭的小块地区进行农业生产，这些地区只能养活中等规模的人口，所以也就形成了一些拥有中等规模军队的小国家。这些国家主要的问题是，它们的经济不够发达，不足以再扩大规模。它们无力提供后勤保障，不能穿越贫瘠的地区运送食物和水，为规模足够大、可以征服他国的军队提供补给。

居鲁士做的基本上就是亚历山大后来做的事：从人口较多、农业较发达的主要小块地区开始，他取得几次像样的胜利，然后利用他的威望来震慑边远地区，这些地区由于生产水平较低、实力不济，所以只能俯首称臣（这种做法属于朝贡制，并没有直接征服）。后世称居鲁士和他的继任者为“大帝”，他并不只是一位普通的国王，而是领主中的霸主，是“万王之王”——这是《圣经》中使用的字眼。居鲁士并没有对当地的状况做出很多改变；原来的首领和小国王保持不变，但是他们要朝贡。最重要的是，他们进贡的东西必须是实物，特别是动物和粮食，这样皇家军队才能补给无忧。

对帝国中的大多数地方来说，这个行政系统的约束力微乎其微。但越靠近这个朝贡制度下的帝国中心，行政管理就越集中和严格。居鲁士及其后世更强大的继任者都在各个地区任命自己的管理人员：高级总督，中级总督，当地驻军将领。在较富庶的地区和像巴比伦一样历史更悠久的城邦国家征税，税收纳入国库。修建铺面道路，加快军队行进速度从而便于控制各个地区；信使负责联络管理人员，并在整个帝国中传达命令。地区的权力分散给政府的行政官、首席财政官和军事指挥官，三者相互制衡。巡回督察官被称为“国王的耳目”，负责监督这些地方官员。

在一片领土的经济发展水平还不足以供养征服者的军队之前，只靠军事力量是无法接管这片区域的。在文明的开端，一支大规模的军队甚至无法穿越一些经济欠发达地区。在公元前6世纪，不管是希腊的将军、亚历山大还是其他任何人，都无法征服一个国土延伸到伊朗高原和中亚（一些部族的农业绿洲星星点点地散落于此）的帝国，所以居鲁士需要踏出承上启下的一步，即建立起后勤网络。如果用一种英雄史观来描述这件事，可以说没有居鲁士就没有亚历山大。

再重复一次：亚历山大的成功取决于当时的波斯帝国是一个完美的征服目标。现在开始第二部分。

公元前390年以后，希腊人普遍认为波斯帝国是一个完美的征服目标。万人雇佣兵团成功地从波斯帝国的中心一路杀回希腊，这令他们确信希腊军队总是能战胜亚洲军队。从那时起到腓力二世和亚历山大时期，希腊政治家和意见领袖就一直在猜测他们的将军和英雄中有哪一位能为希腊征服波斯帝国。当亚历山大掌握大权后，希腊人民愿意为他的远征投入财力和物力。

为什么说它是一个简单的目标？希腊人可以清楚地看出，在战术上，他们的军事力量要比波斯更强。还有，波斯早已停止对外扩张。但最重要的一点是，每当一位波斯国王过世，整个帝国就会陷入周期性的动荡不安。地方总督会叛乱，重新控制他们需要花费数年时间。而且波斯王位继承的危局中充满背叛与暗杀，王室成员大批丧生。公元前 338 年刚刚发生过这样一场危机，直到两年后腓力二世准备发动侵略时事态都还没有完全平息。

不出所料，亚历山大轻而易举地就分裂了波斯帝国处于小亚细亚（现土耳其）的地区。登陆不久，亚历山大就打败了一支波斯军队，并围攻了一座顽强抵抗的城市，这足以令当地其余领主投向他这一边。为波斯军队行军提供补给的后勤系统，现在转而为亚历山大的军队提供补给。

直到第二年，刚刚登基的大帝才能召集起一支军队在叙利亚（位于美索不达米亚中心地带）与亚历山大对峙。大流士三世（Darius III）是一个王室幸存者，但他并不是一个强有力的统治者，他得到王位的主要原因是，他几乎是家族里最后一个仍然在世的成员。

亚历山大用了十年时间才完全征服整个帝国，并不是因为征服过程困难，而是因为波斯帝国的规模太大了。第四年时，他占领了波斯的主要城市，打败了大流士，并登上王位——从后勤补给角度来说，他的确需要那么长的时间来视察他位于伊朗和东方的领地。

亚历山大并未变更波斯的政府管理系统。他征服的方式与居鲁士相同：接受投降，然后通常就会重新确认前任官员继续任职——甚至是那些之前曾在作战中反抗他的官员。这是最简单的方式，比创建他自己的政府要简单许多。在中心地区，他任命自己的心腹担任总督，并重新建立起已经废止的三官分权制（行政官、财政官、军事指挥官）。最终，波斯帝国的组织又恢复正常运转。

实际上，亚历山大是对一个著名的大公司进行了恶意收购，这个公司一度很成功，但现在经营不善，他用充满活力的新管理人员取代了公司原来争吵不休的官员。

经典案例　大赚一笔：组建起世界上最大的保险公司

1975 年，在法国的一座小城市有一家老式的小型保险公司。它在法国保险业界排名第 24。到 1999 年，八次大型收购和兼并使它成为世界上最大的保险公司。一个落后的小公司是如何收购规模是它几倍、电脑技术更先进、其他方面更加现代化的大公司的呢？

答案：一位经理在合适的时间瞄准了自己的猎物；他知道它为什么会暂时陷入困境、暂时被低估；并且知道，如果让它们重新崛起，可以从它们身上获得什么样的价值。

我们要讲述的便是克洛德·贝贝阿（Claude Bébéar）的事业。他并非名人。他在幕后默默工作。他总是主动为他人提供帮助。在并购界，他是真正可以称为“白衣骑士”（救星）的人。他不会对任何人构成威胁，没人害怕他。但他也从不感情用事，他知道自己什么时候有能力，并知道如何用好自己的能力。

他说：“我能做到的就是发现其他公司的弱点并利用这一弱点。当机遇出现时我敢做别人不敢做的，但又不会去冒特别大的风险。这只是因为我面对的是胆小怕事的人、官僚和名流。”

胆小的人经营大公司。这是什么意思？他的意思是，这些人享受自己在一个知名组织中的重要地位，喜欢事情顺利进行，喜欢循规蹈矩。在法国，他们通常毕业于法国巴黎综合理工学院——这是巴黎精英工程院校，从拿破仑时代起就由这里出来的人管理着政府机构。他们喜欢技术上的细节并且在科学方面与时俱进，但却丝毫没有商业竞争意识。在政治世界中，政党领导换来换去，甚至革命家也是来来去去，但官僚作风却是从一个政权到另一个政权继续存在。因为没有升职到预期的高位，一些技术官僚便离开政府部门到私营企业工作，但他们在私营企业又重复着相同的官僚心态。这一点在法国保险公司表现得尤为明显，那里的传统作风是尊严、耐心和谨慎。他们无法应对的事情就是商业危机，这让他们对自己的工作感到害怕。

“胆小怕事的人、官僚和名流”中的最后一个词指的是古老的欧洲显赫家族，他们生活在美丽的乡村庄园和优雅的联排别墅里。社会学家米歇尔·维莱特称他们为“打高尔夫的迷人老绅士”。克洛德·贝贝阿知道如何与这样的人交朋友，怎么让他们感到自在，并会悄无声息地证明他是一位真正的专业人士，把事情交给他，他会搞定一切。这也许有些像老派的管家作风，对所有人都鞠躬，并让自己成为不可或缺的人。

我们一起来看看克洛德生命中的重要时刻。和其他人一样，他也是毕业于巴黎综合理工学院，他同学的父亲给他提供了一份工作。他一定是从一开始就拥有可靠的职业作风，因为他的老板是一位地位显赫的老贵族，正在为自己寻找继承人，很显然，他认为克洛德要比自己的儿子更合适。但他的公司是一家非常古老的小型保险公司，位于历史名城鲁昂，公司的组织结构很老派，是投保人的互助协会。这种形式很像是中世纪的残余，但在法国的商法下它确实也有一些特殊的优势，克洛德在与更加现代化的公司打交道时很会利用这些法律豁免权。

这位老人去世时，克洛德开始崭露头角。但他并未立即成为总经理，因为这位老人感情用事选择了一位长期在公司工作的老朋友作为临时接班人。出于礼貌，尽管新任总经理不称职，克洛德仍然一言不发。在一次长时间的罢工中，每个人都对新任总经理很生气。当所有其他经理都受够他时，克洛德建议换掉这个新任总经理。克洛德被委派了一项微妙的任务：亲自把消息传达给他。克洛德非常巧妙地完成了任务，所以新任总经理对克洛德赞赏有加。小公司重新恢复了平静，直到它最终成为大家熟知的巨头——法国安盛公司（AXA）。

1981年，法国商界面临危机：社会党人和共产党人的联盟赢得了全国大选。社会党人密特朗成为首相，他宣布计划将法国最大的企业国有化以造福于工人。与其他公司一样，大型保险公司也陷入恐慌。最感到恐慌的是德鲁奥（Drouot），它是一家大型保险公司，但它本身早已麻烦不断：它每年的亏损额（2亿法郎）已经超过克洛德公司的全部收入。现在是大卫出手救助巨人歌利亚（《圣经》中被大卫杀死的巨人）的时候了。克洛德悄悄接近德鲁奥的董事会，给出了一个提议：被安盛公司收购就可以挽救公司。它可以避免被国有化，因为它现在会变成投保人互助会的一部分——互助会本身就是带有某种社会主义性质的合法机构。100年前，这种互助会被视为类似合作社的民间组织；而且由于法国有过类似社会主义政体的历史，所以当克洛德承诺这家大公司在他的互助会保护伞下是安全的时候，他并没有撒谎。

但是，克洛德为什么想要接管一家业绩大亏的公司呢？他以2.5亿法郎的价码买下这家公司，而四年后它就价值50亿法郎。克洛德非常了解法国的保险行业，所以他知道德鲁奥的主要保险业务是健全的。最大的漏洞在于金融，因为公司在房地产行业进行过一些不明智的投资，而这样的投资并不是它的专长。克洛德砍掉损失，并通过提高投保费以及其他专业调整来使其保险业务再次盈利。其他金融家看到德鲁奥便断言它无药可救，因为它的现金流转情况太过糟糕。所以董事会才会在绝望之际接受这样的低价收购。反之，克洛德是保险业的专业人士，他知道经过适当调整，公司的哪一部分业务可以再次盈利。

克洛德的下一笔大型交易是在美国。保险业巨头——公平公司（Equitable）陷入困境。华尔街金融家断定这家公司会长期亏损。商业报刊预测其内部已濒临破产。投资者视之为瘟疫，避之唯恐不及。克洛德受邀前去考察这家公司。他去了纽约，默默地花了五个月时间与公司管理层交谈，调查公司运作的方方面面。公平公司的总裁告诉他："克洛德，现在你比我更了解公司。"克洛德想要弄明白的是：公司的财务漏洞到底有多大？它作为一家保险公司的潜在价值又到底有多大？他决定提出一个报价。

这位和蔼的法国人会出价多少来拯救这家美国大公司呢？克洛德提议，公司卖出的时候，让股市来决定它的价值。这是一种聪明的逃避策略：它既不会伤害任何人的自尊心，也不会打破任何人的期望。这不在我们的掌控之中。克洛德又一次大赚了一笔。在他看来，他没有冒任何风险。他对公司业务的了解远远超过了金融分析师和只关注毛利率的投资者。他知道公司的市值被严重低估，这意味着他将在这笔交易中获得巨额利润，如果市场对公司估值准确的话，就不可能有这样的好事。正是这种不匹配，创造了巨大的商业机会和理想的收购目标。

在巴黎的第一笔大型交易中，克洛德从胆小的人那里大赚了一笔。在美国的这笔大型交易中，胆小的则是市场。克洛德表现得非常勇敢，他化身“白衣骑士”拯救了一家公司。但从他自己专业的角度来看，他所做的不过是实事求是，冷静地看待形势，评估自己的优势和他人的弱点，然后采取行动。这是商战中征服者情绪能量的一种特殊品质，与拿破仑或格兰特这样的将军类似：在周围人因感情用事而做出错误举动时，他却可以保持冷静。

在与公平公司的交易之后的一年里，公司的股票市场价值下降了。克洛德低价购买了这家公司，他一边削减公司亏损的业务从而增加了利润，一边任凭公司股价降得更低。

由于安盛的规模已经非常之大，其自身股价也下跌了一半。但在法国法律和互助协会的复杂性的掩护下，克洛德做出恶意收购是安全的。一年内，股价开始反弹，然后迅速飙升。

通过这种方式，安盛收购了一家又一家被低估的保险公司，直到它成为世界上最大的保险公司。

克洛德绝不只是一个蓄意收购其他公司的人。他把这些公司买下来不是为了剥夺它们的资产或掠夺它们的现金；他并不是只为了再次转卖而购买公司。他与世界历史上的军事征服者不同，成吉思汗征服后留下的是被摧毁的城市和累累白骨。他更像罗马将军，有着恺撒的作风——打仗，讲和，在高卢和罗马领土扩张到的所有地方建造定居点。

克洛德认识到，建立起一个巨头企业比赢得控制权更困难。事前需要仔细调查，寻找值得收购的目标；事后任务则是要扭转所收购企业的局面，修补漏洞，增强自身实力。安盛也愿意收购小公司，这并不是一种扩张战略，而只是因为克洛德想要学习保险业务的专门分支，或是进入世界的新兴领域冒险，以便学习在新的政治和法律环境中如何行事。这是一位细心的专业人士，他非常注重细节，并会敏锐地发现对未来可能有用的东西。最重要的是，克洛德一直都在寻找企业的弱点，并耐心等待采取行动的时机到来。

4

成长型资源胜过停滞型资源

我们往往习惯于将希腊人视为一个小而英勇的民族：他们击退了人数远远在他们之上的波斯入侵军队，拯救了民主制。严格来讲，公元前 490 年和公元前 480 年—前 479 年波斯的两次入侵并不完全是大卫和歌利亚的故事。当 150 年后亚历山大反攻波斯时，希腊的军队实力已经远超波斯军队。

一项关键的资源是，当时的希腊正处于一场非同寻常的人口爆炸中。公元前 7 世纪到公元前 5 世纪，希腊人口从 50 万左右增加到 400 万左右——人口数量庞大的希腊在地中海和黑海周围都建立了殖民地。波斯在公元前 480 年左右发动入侵时，整个帝国的人口在 1200 万 ~ 1400 万之间。显然，波斯可以组建规模更大的军队。但对入侵像希腊这样距离遥远的国家来说，这一点并不一定是优势，因为最大的问题是如何为如此庞大的军队提供行军时的后勤保障。

入侵失败了，最重要的原因是波斯人无法远隔重洋为自己的军队提供补给。而且就算能提供补给也要走水路，但希腊海军的规模并不亚于波斯。海上战争形势陷入僵局，这意味着防守的一方将会获胜。在公元前 465 年撤军之前，波斯人硬撑了 15 年，他们的资源也就一直消耗了 15 年（这与美国在阿富汗持续 13 年的战争没什么两样）。

到公元前 5 世纪后期，希腊人已经普遍认为波斯人不再对他们构成威胁。在这种情况下，希腊人内部又一次纷争四起，形势动荡。城邦之间联盟和反联盟瞬息万变，极不稳定。一些派别甚至在这种情况下与波斯结盟。希腊陷入僵局，而波斯人也深陷其中。最终，马其顿人扩张到了希腊北部未开化的边缘地带，成为拥有最先进军队的最大势力。希腊的政治家们急切地希望马其顿国王亚历山大出征波斯，从而摆脱马其顿人对自己的困扰。

从更深远的角度来看，我们看到的是资源不断增长的一方打败了资源停滞的一方。希腊人口（包括马其顿人）在这些年间迅速增长：这是经济资源在增长的迹象。与此同时，波斯帝国的人口数量却是停滞不动。

此外，希腊人的组织也要更加完善。在军队中，这就意味着他们能组成更紧凑的重装步兵方阵，协调所有人员以取得更好的效果。方阵军队规模较小，不需要很多的后勤支援。波斯帝国的人口足以组建起一支庞大的军队，但却只是数量庞大，因为它组织松散，所以战斗效率并不是特别高。最重要的是，供养这样的军队的成本非常高。

增长型资源胜过停滞型资源。单从数量上看，它仍像大卫和歌利亚的故事。但在现实中，它更像是一个速度又快又强壮的轻重量级拳击手击败一个行动缓慢又臃肿的超重量级拳击手的故事。

更重要的是因为，建立帝国的战役即是后勤之战。

5

取得成就：后勤加上外交

像亚历山大这样的常胜将军需要同时精通后勤安排和外交手段。

即使像亚历山大这样性格暴躁的人，也必须在一些问题上听取内部人士的见解。比如，如何让他的军队就位作战，如何在战后迅速撤退并免遭饥饿之苦。

为什么要把后勤和外交结合在一起？我们已经讨论过辎重车会降低行军速度的问题。就一次远征而言，首要问题是军队能否顺利到达目的地。实际上，运送食物和水的人与驮畜，还在行进过程中就会把给养消耗殆尽。运送食物和水的人越多，留给军队的食物和水就越少。

像亚历山大这样的专业军事将领一定懂得这些道理，但古代的历史学家却是对此视而不见。他们还极力夸大敌军的规模，声称公元前 480 年波斯入侵希腊的军队有 170 万人、公元前 331 年高加米拉的战场上有 100 万人。这些数字都是无稽之谈，因为这样大规模的军队单是站立不动就需要很大的空间。在狭窄的道路上行走，这些人组成的队伍伸展开来有 300 英里长，根本无法为他们提供食物。

用驮畜来运送辎重并不能解决任何问题。马的载重量是人的 3 倍，但它消耗的食物和水的数量同样是人的 3 倍；骆驼可以在没有水的情况下行走 4 天，但之后它们需要喝 4 倍的水。

解决办法就是：靠山吃山靠水吃水（自给自足）。但这有两个问题。第一，这个方法只在肥沃的农地有效。但古代农业主要集中在城市周围——换句话说，古代城市必须毗邻农业用地或水路交通，否则市民就会饿死。在内陆，城市和优良的农业地区就像绿洲一样，中间地带的土地贫瘠，只能养活稀少的人口。因此，一旦需要穿越贫瘠的土地或是穿过沙漠（这是更糟糕的情况，如穿过位于伊朗或埃及的沙漠），军队面临的就是生死攸关的问题。军队规模越大，它对自己造成的致命威胁就越大。

第二个问题是，一支庞大的军队必须不断前进，因为即使在肥沃的土地上，食物和饲料也会耗尽，并且消耗的范围也会越来越大。大军一过，农业生产就会遭受灭顶之灾。军队规模越大，就越会踏上一条不归路，因为如果军队选择原路返回，他们就会再也找不到任何食物。

那么亚历山大的军队又是如何解决这个问题的呢？答案是

主要通过外交手段。军队会派出侦察兵或使者在前方搜寻食物和水。当有军队出现的消息传开之后，当地的酋长或政府官员就会出现在营地。通常情况下他们都会向征服者投降，而征服者通常则会确认他们的地位并将他们列为盟友。这意味着他们有义务帮助征服者的军队通过他们的领地。总的来说，外交意味着慷慨和说服。亚历山大并不需要征服所有人；把一座拼死抵抗的城市夷为平地，把居民卖为奴隶，这就足以让其他城市转而屈服。对尚存二心的地方，入侵者会留下驻军，或者保留人质。这是一种表面上的征服，它并不会改变当地原本的状况。

最重要的是，新盟友或友好的当地人有义务在沿途提供食物和饲料，以及替换因营养不良而死去的驮畜，或者干脆集结自己当地的驮畜队来提供服务。

对亚历山大的军队来说，这个方法很有效。这也说明了为什么他的军队征服波斯帝国花费了 10 年的时间。征服东部意味着要多次行军穿越沙漠和高山，需要认真计算粮食收割的时间，以及提前制定外交策略。

亚历山大作战的次数相对较少。每次战事结束之后，他都会待在一个粮食补给充足的地方接受投降，并安排之后行军路上的后勤事宜。虽然他的父亲在希腊未开化的边缘地区建立小型帝国的过程中有时也会显得冷酷无情，但总的来说腓力二世还是通过外交来进行扩张的。他的军队行军迅捷，各兵种联合作战并连连取胜，外交协议则帮助他解决后勤问题——这一切都完美地结合在一起。他的儿子也使用了同样的战略。

6

亚历山大的制胜法则

除了凭借外交手段和兵马未动粮草先行的战术之外，亚历山大究竟是如何指挥战斗的呢？事实并非完全如你所料：赢得战斗并不只是需要一往无前地进攻，还需将谨慎与果断完美地结合在一起。

· 谨慎计算时机，果断采取行动

亚历山大的战术可以用一个更好的词来形容，那就是耐心。一旦战斗开始，亚历山大总是会采取看似冒险的行动，但他在选取战斗的时间和地点上却是十分谨慎，与他那些“冒险”行动可谓截然相反。

亚历山大意识到庞大的波斯军队不可能在一个地方久留。军队规模越大，他们依靠一片土地生存的可能性就越小，因为输送物资会造成驮畜越来越少，士兵们也会逐渐耗尽他们携带的物资，更不用提庞大的军队会造成道路堵塞了。

面对数量众多的敌军，亚历山大迟迟不肯应战。伊苏斯战役之前，大流士在贝伦山口附近的平原上集结了数十万人，因为他认为马其顿人有可能会经过贝伦山口从小亚细亚山中出来。大流士的军队机动能力很强，并且有足够的时间储备充足的物资。亚历山大骗过他们继续向西进军，在山地部落之间发动了为期七天的战役。之后，亚历山大回到一座城市，那里有充足的海上补给，并精心安排了祭祀活动祭祀众神；他还举行了阅兵式、运动会和文学类竞赛，甚至还举办了一场火把接力赛。最后，大流士不得不放弃他们占据开阔地带的有利形势，并在山区和沼泽的狭窄地区寻找亚历山大的踪迹。在内陆地区停留了两周时间，军队的物资无疑会减少，大流士最终在伊苏斯河与亚历山大率领的军队相遇，此时已经减少至15万人左右的波斯军队挤满了伊苏斯河畔，自然也就无法通过数量优势从侧翼去包抄或包围亚历山大。

·找出对方劣势并加以攻击

两年后，大流士在高加米拉组建了一支数量更加庞大的军队，并依靠美索不达米亚（位于今天伊拉克的北部）的主要道路来为驻扎在广阔平原的军队提供军需物资。他们甚至清除了灌木丛，以方便他们的镰刀战车通行。亚历山大的军队当时则已扩张至4.5万人，他带领自己的军队来到一座可以俯瞰平原的小山上，在那里可以看到波斯军队的火把似乎一直亮着。由于波斯大军按兵不动，亚历山大便让他的军队就地休整四天。亚历山大也在与对方进行心理战，避免让波斯军队在他们第一次斗志昂扬的时候（我们会说这是由于肾上腺素分泌而引起的兴奋）投入战斗。悬念日甚一日，因为波斯军队开始期待对方发起夜攻，于是亚历山大就选择了在白天进攻。

亚历山大总是率先发起进攻。他的法则就是先发制人，尽可能迅速地建立情感支配。他在野外作战时总是如鱼得水，可以轻易取胜。一旦他的伙伴骑兵突破波斯大军的防线，敌军在数量上的优势就会成为他们的劣势。

在伊苏斯战役中，数量庞大的波斯大军在伊苏斯河畔摆开阵势，实际上其士兵数量可能是亚历山大军队的四倍。但不管是几万大军还是几十万大军，他们中的大多数人都无法与马其顿人交战，因为他们根本无法接近马其顿大军。一旦他们的战线崩溃，整个波斯大军都会溃败；当一大群人彼此互相践踏时，整个场面就会陷入一片混乱，波斯大军变得更加无力抗战。每一次大型战役中，波斯大军都会失去50%甚至更多的兵力，而马其顿的军队则仅仅损失几百甚至更少的兵力（相当于总兵力的 1%）。死伤士兵数量上的差距看似难以置信，但其实这一结果与波斯大军内部组织结构涣散是相称的，这也使得波斯士兵成为无助的受害者。无论战争的规模如何，情感支配所带来的影响都要远远超过身体上的伤害。

亚历山大的首场战斗发生在格拉尼卡斯，当时波斯将领由自己的卫兵团团围住，而亚历山大就站在这名将领的正对面。他等待着波斯大军防线动摇的那一刻，并在那时指挥自己的骑兵出动。亚历山大带领 2000 名骑兵涉水蹚过格拉尼卡斯河，冲上陡峭的河岸。这看似一件十分冒险的事，但从心理学角度来看，依赖有利的地理位置进行防守也有一个缺点；一旦失去地形优势，防守的一方就会处于情绪受制于人的境地。在各个方面，亚历山大都瞄准了敌军的情感弱点——而这一点也只有敏锐的观察者才能在恰当的时间和地点看到。

亚历山大不必与整个波斯军队战斗；他挑选了一支和自己军队数量相当的敌军部队，并凭借自己军队的优越性取得胜利——这种优越性是他们通过情感支配建立起来的。

亚历山大赢得的这三次决定性胜利——格拉尼卡斯战役、伊苏斯战役、高加米拉战役——均以同样的方式结束，所有敌军将领（在后两场战役中，敌军将领就是国王本人）都乘坐二轮战车逃走了，由此引发整个军队陷入恐慌，仓皇撤退。在高加米拉战役中，波斯军队数量庞大，在战场上绵延分散。这时，负责指挥左翼的马其顿将军帕曼纽与希腊雇佣兵和其他波斯军队正在进行一场苦战，而这些顽抗的波斯军队并不知道他们的友军早已被击溃。这场战役耗时较长，但身为骑兵指挥官的帕曼纽在没有亚历山大的帮助下仍然取得了胜利。这表明马其顿人的作战风格并不只是亚历山大一人所独有。

亚历山大也会从另一方面攻击波斯军队的薄弱之处。波斯军队是一支帝国的军队，其士兵来自 50 个不同民族，每个民族都有自己的语言，所以每个民族的士兵都以自己的方式作战。我们可以推测出，一旦战争开始，这支军队的核心控制力量就会变得微乎其微。我们也可以推断出，每个民族士兵的士气和忠心都是摇摆不定；他们是为了追随胜利者而被招募而来，所以如果战事进展不顺，他们就有可能追随敌方。如果波斯大军在战斗中失利，那么他们的多民族军队和下属将有足够的理由不再为波斯首领奋力杀敌。波斯军队也有森严的等级制度（所有希腊人都注意到了这一点）。战败的将领会面临被处决的风险，而获胜的将领则会被当成潜在的反叛者，所以在波斯帝国充满信任危机的政治体制中，很多打了胜仗的将领无论如何都会在几年后被处决或暗杀。

对亚历山大而言，几场大规模战役就足以让波斯士兵望风披靡，从而使得战局转向对亚历山大有利的一面，同时亚历山大也开始实施外交攻势，而这些都是他所擅长的。

经典案例

优秀的军队拥有能量满满的士官

为什么这一点会有很大不同，可以从如今正在中东参战的一些西方军队的观察中得到解释。例如，美国和英国在阿富汗的军队均认为（在出版物中提过或亲口对作者说过）：当地的军队在战斗中非常残忍，而且极为好战。他们的主要劣势在于他们的军官，尤其是他们的士官。美国的士官们受过训练，知道在战斗中可以先斩后奏、自主做出决定，尤其是在不清楚敌情又无法与他们的上级指挥官取得联系时。中东地区的军官则不然，他们知道自己无论做什么都可能会受到批评。成为一名成功的军官未必是件好事。战功卓著可能会使自己的上司感到难堪；打了大胜仗的将领可能会被视作一个潜在的政敌。不管以哪种方式获得了胜利，这种不信任的氛围都会削弱一支军队的战斗力。

在这方面，罗马的军队更像是现代的美国军队。百夫长（即百人连队的负责人）被大家视作军队的骨干力量，像恺撒等成功将领会将他们专门挑选出来进行褒奖。同样，在拿破仑时代的法国革命军队中，英勇奋战的下级军官也会受到褒奖并会获得很好的晋升机会。

近几年来，美国军人为非洲和中东的当地军队训练了数十万士兵。我们已经成功地教会他们如何使用现代化武器，但让他们具备现代军官的观念却是一直很难：开战时在敢于自主决定的同时也要相信指挥系统的支持和帮助，不参与政治纷争。结果，在尼日利亚、伊拉克及其他地方受过美国士兵训练的军队，在面对游击队和意志坚定的小部队时还是战败了。这就类似于大流士庞大的波斯军队中士兵们的状况，随意拼凑的军队很难与亚历山大紧密团结的部队相抗衡。

情感支配比计谋更具决定性作用

值得强调的是，像亚历山大赢得的大规模胜利，其原因在于他率领的军队瓦解了敌人的组织，而这则是因为对士兵们的情感支配，而不是因为计谋。关于亚历山大足智多谋的故事有很多。例如敌人凭借险要地形（在山口修建堡垒）挡住前进的道路，这时，与往常这类故事的结局一样，有人在险峻的山腰发现了一条人迹罕至、通往敌人后方的小路。亚历山大带领猛士果断行动，沿着这条小路奇袭了敌人。我们无须怀疑这些故事的真实性，但纵观历史，这些事情经常发生在将领身上。在希腊早期的历史中也有类似的故事，而且它们还被用作今天好莱坞惊悚片的题材。对亚历山大而言，大多数依靠计谋取胜的战斗都是微不足道的，因为这样的战斗无法彻底瓦解敌军的组织。

7

亚历山大的困境

·鲁莽的领袖

从伊朗南部的波斯波利斯都城到西北部山区的米堤亚古都只有一条路，需要通过一个2400米高的山口。通常，这个山口从冬季到来年4月都是不通的。但在公元前330年3月，亚历山大急于通过这个山口。一位古代史学家用一段情节剧来描述他们通过山口时的场景："他们来到了一个长年被积雪堵塞的山口前，冰天雪地阻挡了他们前进的脚步。荒凉的景观和无尽的孤独使疲惫不堪的士兵们感到恐惧，他们相信自己一定是到了世界的尽头，并要求必须在太阳落山之前返回营地。"亚历山大跳下马，从一名士兵手中夺过镐头，拼命地凿击冰块以开辟一条通路。他在战斗中领导骑兵的方式也是这样：身先士卒，为士兵们开路。

夏天，他们顶着炎热和缺水的恶劣条件在沙漠中行进。一天，一支先遣队发现了一个水沟并给他们的驮畜载满了水。这时，亚历山大与其余的士兵还在步行向水沟行进，一路上和士兵们同甘共苦。一名先遣士兵用头盔盛满水带回来给亚历山大喝。当他举起头盔准备喝水时，看到骑兵们都盯着他看，大家看起来都非常口渴。亚历山大摇了摇头，把水泼到了地上，他的骑兵们见此场景后大声说道他们没有水也可以再走一天，亚历山大于是便和他们一起飞奔而去。普鲁塔克对此评论道，亚历山大虽然浪费了一头盔水，但却鼓舞了整个军队。

时间快进到四年后。亚历山大的军队准备离开遥远的中亚国家巴克特里亚。他们在巴克特里亚之战中大获全胜，离开时满载着地毯、丝绸、奢侈品和众多军营侍从等战利品。亚历山大看着满载的补给车，感觉这些东西会拖慢他们的行军速度。“烧掉这些东西！”亚历山大大喝一声，然后他就开始从自己的运货马车和驮畜入手，扯下包袱并扔进火里。接下来便是令人震惊的一刻：士兵们也一个接一个地加入其中，很快他们就大声欢呼起来把东西都扔进了大火里。对士兵们而言，这既是一次庆典，也展示出了他们的奉献精神，并把他们从和平的美梦中唤醒。

为什么亚历山大在战斗中的表现要比他在朝堂或营地中的表现更好呢？因为他是一个好战者，他不喜欢舒适的生活。作战是伟大的国王的一项职责，也是他的人生目标。只要还有战斗和危险，他就总是会和他的士兵、他的朋友、他的伙伴骑兵勠力同心。

醉酒误杀，陷入管理困境

尽管他们一直在等待时机，但是单纯依靠力量显然无法解决那些更加困难的问题。在亚历山大出征的第七年，他的军队到达遥远的撒马尔罕，即今天的乌兹别克斯坦地区。在亚历山大举行的一次酒宴上，他和其中一名精锐骑兵侍卫克雷塔斯（Cleitus）发生了争执。克雷塔斯是亚历山大乳母的儿子，是和他交往时间最长的朋友。由于克雷塔斯的母亲同时喂养他们两个，他们也就成了兄弟。两人当时都喝得烂醉如泥。克雷塔斯嚷道，亚历山大采用了波斯的朝拜仪式，尤其是让每一个见他的人都匍匐前行，将他视若神明。克雷塔斯说这种仪式冒犯了亚历山大的老朋友们，因为胜利属于整个军队，而亚历山大则独占了所有荣誉，他已经忘记了是克雷塔斯在格拉尼卡斯战役中救了他的命！

亚历山大越听越生气。克雷塔斯的朋友试图把他拉出房间，但他又从另一个入口闯进来，继续侮辱亚历山大。今天酒吧里典型的吵架方式升级以后就是如此；这种情况通常都是发生在面对面的争吵中：其中一个参与者已经被拉出了现场，但他又回来了，接着就有一人被杀。接下来发生的事情展现出亚历山大的伙伴骑兵和仆从对待他的方式。亚历山大叫来他的卫兵敲响警钟——这个信号会让整个军营的卫兵都拿起武器。但没有一个卫兵服从命令，他们一定是对这样的争吵早就习以为常，因此没有服从亚历山大的命令，以免让场面失控。由于没人服从命令，亚历山大就抓起一支长矛扔向克雷塔斯，把他当场杀死了。

克雷塔斯的死顿时使亚历山大冷静下来。他试图用同一支长矛自杀，但是他的卫兵阻止了他。他回到自己的房间并待在那里自省了好几天。最后他的谋士劝服了他，让他放下这件事。他重新做回了那个被奉若神明的“波斯国王”，至少在公开场合是如此。大约在同一时间，一系列的阴谋、暗杀和处决随之爆发。他最喜欢的两个伙伴骑兵彼此剑拔弩张，企图置对方于死地，亚历山大告诉他们，如果他们继续争吵就会处决他们。为此，亚历山大给他们两人委派了不同的任务，一个人负责给军队中讲希腊语的士兵传达命令，另一个人则负责给讲波斯语和其他语言的士兵传达命令。

酗酒、斗殴、阴谋和暗杀在马其顿宫廷时常发生。多年前，也就是亚历山大 18 岁那年，腓力二世曾试图杀死亚历山大，而现在亚历山大杀死克雷特斯则几乎是这一历史的重演。腓力二世是一个强硬好斗的战士，多年的打打杀杀只留给他一只眼睛、一只残废的手和无数的伤痕。亚历山大的身体也因战争而变得伤痕累累。他们都和自己军队的核心贵族喝得酩酊大醉。两人都使用相同的战略，即身先士卒，从而激励骑兵进攻。亚历山大无法避开这些酒宴；他继续在酒宴上纵饮，直到死在一场酒宴中。酒宴能使他的军队紧密团结，帮助他赢得战斗胜利。

亚历山大的酒宴风格似乎与他安排后勤、等待行军或战斗时机时的耐心相矛盾。但这些都是在为战斗做准备：由于不得不长时间等待时机，他们因此而大摆宴席，这也成为一种在战事僵持阶段鼓舞士气的方式。

现在亚历山大陷入了管理困境。作为波斯帝国皇帝，他在与其他部族首领交往时表现得犹如万王之王，首领们对他的膜拜令他自鸣得意，不可自拔。作为世界上最强大的军队首领，他需要将他的追随者们紧密团结在一起。“伙伴”这个名称对现在的我们来说意义很明确，但在当时它的意义却比较模糊，这个词显示了逐渐分离的两个方面：一方面是他的兄弟密友，一群把酒言欢的伙伴，也是互相支持的斗士；另一方面则是等级制度中的上层阶级，这些人的职责是确保下属执行命令。

当时，亚历山大和他的士兵们认为这是一种种族差异。对波斯人来说，“伙伴”之间只有阶层和服从。而对希腊人来说，“伙伴”的含义则几乎完全相反。令人惊讶的是，在亚历山大的酒宴上，士兵们无须一味顺从，他们获得了很多自由和平等。令人震惊的是，他的卫兵也会拒绝服从他的命令，甚至会强行按住他以阻止他自杀。这些卫兵也是他团队中的一部分。

亚历山大的日常生活因其所处环境不同也有很大变动。他和一起豪饮的伙伴们开玩笑、在外交舞台上叱咤风云的时代已经过去了；渐渐地，他接管了波斯政务，变成一个自大的统治者，但在内心深处他对下属的不忠也是充满疑虑。他一度也为这些心理所困。随着他一次次地取得战争的胜利，他内心的纠结也变得愈加强烈。

经典案例

新旧管理团队

亚历山大遇到了一个管理问题，这是伴随发展和成功而来的一个顽疾的早期表现形式。

亚历山大的军队原本由马其顿人和希腊人组成。但是，随着他取得的胜利越来越多，征服的领地越来越多，他的军队中也出现了更多的波斯人和其他民族的人。他们愈是深入亚洲内陆，其军队构成也就变得愈加不稳定。远征的第四年，亚历山大又成为波斯帝国皇帝。他继续行军，但是把大部分的行政权都留给了被征服地的人们。第五年后，他的军队距离地中海太远，已经无法接收来自希腊的后援。亚历山大最初 4 万人的军队通过征集当地士兵不断壮大，人数达到 15 万左右。

这并不只是一种种族上的差异，而更是两种不同的组织管理方式。希腊人和马其顿人是为了成为统治精英而战。

他们认为自己比他们征服的亚洲人更文明、更民主。但亚历山大总是将战败的军队纳入自己的军队并以威慑的手段让中立的部落归顺于他。所以他不得不提拔新的军官来控制他的亚裔军队，他的马其顿酒伴所占的比例自然也是越来越小，于是以前的兄弟和新的军官之间也就产生了分歧。他以前的伙伴骑兵分别加入希腊派和波斯派。两派之间开始斗争、谋杀，充满了阴谋和血腥。

这个问题一直困扰着亚历山大，直到他的执政生涯结束，他都未能很好地解决。他逐渐变成残暴的波斯霸主，怀疑一切阴谋和不忠。但在另一方面，他又扮演了自由改革者的角色，试图摒弃族裔概念，将希腊人和波斯人同时吸纳为高级管理层中的精英。亚历山大以前的统治团队对此难以认同。对亚历山大而言，这个问题颇为棘手。最终，这个问题让他付出了生命的代价。

拿破仑在协调新老统治团队方面也遇到不少麻烦。对拿破仑忠心耿耿的下属来自其凯歌高奏的军队和文官队伍（这些人维护着革命政权的运行）。但拿破仑也迎回了先前从法国逃走的保守贵族。这是他和解政策的一部分，以便解决多年来法国内战造成的国家分裂问题。拿破仑的目的是建立一个以功绩而不是意识形态和政治忠诚来奖励个人的政权。但是改革的辉煌时期即将结束：拿破仑的宫廷等级森严，令人窒息。他最好的将领在被征服的国家中建立起自己的独立王国。到了最后摊牌时，拿破仑的老部下站在他这边，而其他将领则都临阵倒戈。

乔布斯的事业就像是一出双幕剧。第一幕是他在苹果公司的起起落落。苹果公司正是由于新旧团队之间的分歧而逐渐分裂，旧的管理团队和他一起完成了革命性的电脑设计，而新的管理团队则是从知名企业引进的，负责提供商业和市场营销经验，这两个团队之间存在分歧。乔布斯起初努力和新的管理团队领导人和平相处。但问题的关键在于，乔布斯把他们视为笨蛋，并把苹果公司的经济问题归咎于他们。亚历山大和拿破仑都致力于调解他们的新旧团队，同样，乔布斯很快就作出决定，选择了他以前的忠实拥护者，但最终他还是被逐出了自己创办的公司。

在第二幕戏中，乔布斯改变了他的方式。在离开苹果公司的几年中，他收购了皮克斯电脑动画部，该动画部已经拥有一个运作良好的团队。总的来说，乔布斯保持了这个团队的完整，并允许他们做自己想做的事。当他再次回到苹果公司后，他迅速开除了管理团队中他不熟悉的成员，并聘请了一些与他合拍的新员工，如他的首席设计师乔纳森·艾维（Jony Ive）。乔布斯的改革尘埃落定后，一连串的技术和市场营销成功也就随之而来。如果管理方面的分歧依然存在，这些成功也就毫无可能。

乔布斯既不是一个工程师，也不是一个专业的设计师。在他职业生涯的两个阶段，他的强项一直都在于选聘人才和发现商机，逐步实现自己针对未来设计的宏伟愿景。在这方面，乔布斯的风格始终如一。他在苹果公司的第一阶段和第二阶段的区别在于：前者的问题是新旧管理团队之间的矛盾；后者则不存在这样的矛盾。

新旧管理团队之间的矛盾是不可避免的困境吗？

克洛德·贝贝阿是我们前边专栏“大赚一笔：组建起世界上最大的保险公司”中跟踪报道的商业人士，回顾他的管理方法，我们可以发现最重要的是克洛德知道如何抚慰一个刚刚度过危机的公司并使该公司恢复信心。他告诉一位采访人员：“人们不喜欢不确定性。一旦有了不确定性，他们就会都不工作，互相倾轧，争吵不休。”不稳定的旧管理体制就像无情地解雇所有员工一样糟糕。他的方法是尽快任命一个新的管理团队，将现任经理与收购公司的外部人员结合起来。克洛德说：“即使你的方法不是最好的，也可以避免浪费时间。”避免浪费重建公司士气的时间。当然，他已经花了很多时间了解要接管的公司，所以他对公司的了解可能比那些公司的人对它们的了解都还要多。克洛德的秘诀是在一个不平静也不顺畅的商界里践行平稳谨慎的职业作风；当你做好接管另一个公司的准备时，要果断采取行动，然后尽可能快地让公司恢复正常。

在乔布斯再次回到苹果公司后，他遵循了克洛德的模式。首先，乔布斯在过渡期迅速而果断地采取行动。他几乎换掉了整个董事会，削减了停滞不前的部门，与一个整合良好的团队一起重新开始拼搏进取。

亚历山大没有迅速而果断地选择改变团队。他的希腊同伴与波斯人之间的冲突从未得到解决。这一冲突最终摧毁了亚历山大。在他死后，他所征服的庞大帝国随即土崩瓦解。

· 两次兵变

亚历山大的军队继续向东行进来到印度，他们穿过印度河上游的一条支流，深入到异域的热带地区。他们战胜了一支装备有战象的大军；亚历山大接受了印度国王的投降，然后以尊崇亚历山大的皇帝称号为条件又将印度王国交还于他。亚历山大的战争加外交的法则仍然有效。之后，他的军队便拒绝继续行军。军官们向亚历山大解释士兵们拒绝行军的理由，并表示他们也站在士兵一方。

亚历山大极为震惊。他回到自己的营帐，拒绝和任何人交谈。他宣布愿意跟随他的人可以与他一同继续行军，其他人可以返回。但没有人愿意再跟随他。这种情况很像他杀死克雷塔斯之后的日子。但是，亚历山大现在的处境则更加艰难，而且他也更老了；他接受了现实，勉强同意带领军队沿着河流走到海边，然后开始踏上返回西方之旅。然而，他的心境已经变了。自从中亚地区发生谋杀、猜疑和处决事件以来，亚历山大变得更加暴力。一个野蛮人的首领因为起兵反叛而被带到他面前，他亲自用箭射杀了他。后来，他斥责官员们在他出征期间的腐败行为，并亲手用投枪击杀了一人。

因此我们不该对以下事件感到惊讶：从印度河河谷地区返程开始，亚历山大便和每一个不肯屈服的部落进行战斗。其中有一座城市堡垒久攻不下。亚历山大对围城失去耐心后，亲自登上梯子，用盾牌挡住了如雨般密集的箭镞。当梯子坏掉时，他和另外三人已经登上了城墙。他的朋友们呼喊着他的名字让他跳下来，而他却跳进了城池。他与另外三人组成的小队奋勇杀敌，当马其顿人拼命将木楔子打进土墙并最终登上城墙时，亚历山大他们已经被敌人团团围困，马上就要丧命。其中一个同伴战死，亚历山大也已胸部中箭并因失血过多而晕厥。他的军队复仇心切，杀光了那个地方所有的人，包括女人和孩子。

亚历山大在战斗中总是不顾自己的生死，但是现在人们想要知道，他是否在乎自己的生死。他的士兵们已经背叛了他；如果他们现在不再追随他左右，他们就可以知道亚历山大是否在乎自己的生死。

当他的担架乘船沿着营地岸边经过时，亚历山大一定感到了些许欣慰，他举手示意他还活着时，士兵们一齐对他大声欢呼。

经过漫长而异常艰难的行军之后，第二年他们回到了美索不达米亚。其中最大的障碍是南边的沙漠，这是伊朗最干旱的地区。亚历山大本可原路返回，绕过伊朗高原北部更肥沃的边界。但他派遣手下带领部分军队仍然按照南部沙漠的路线行进，他想要尝试新鲜的事物，尤其是冒险。亚历山大通常十分注重后勤，他计划让他的舰队沿着印度洋海岸航行，其路线与他的行军路线平行，以便为他提供食物和水。这是他少有的一次失算：他们不知道季风在一年中的这个时候风向与船行方向恰好相反，当亚历山大的15万大军向西行进时，整个舰队都被困在了港口。军队中有四分之三的士兵都死在了沙漠中。

这是亚历山大整个军事生涯中损失最为惨重的一次，他之前所有战争的损失加起来也没有这次多。不过，他在战斗中仍然是战无不胜。但这是一个情感的转折点，就像拿破仑从莫斯科撤退时一样。

当他的残余部队抵达安全地点后，第二次兵变发生了。亚历山大召集马其顿老兵集会，如今这些老兵仅占其部队的一小部分。他正式遣散那些太老或受伤严重无法继续战斗的人，将他们遣送回家并给予他们丰厚的奖励。士兵们情绪低沉，人群中响起一片喊声：“把我们都遣散了吧！”还有人则大声辱骂“亚洲之神”的称号——亚历山大会以“亚洲之神”的名义继续征战。亚历山大从台上跳了下来，指出始作俑者，命令卫兵抓住他们将其处死。接下来现场一片死寂，亚历山大重新登上台子并遣散了所有士兵。从这时起，波斯的贵族将会填补空出的高位；马其顿军团的名号将会转交给新的军队。

在接下来的三天时间里，马其顿士兵逗留在原处，不知如何是好。最终他们放下了武器，恳求亚历山大允许他们留下。随后是双方含泪的和解。按照往常的惯例，这场争吵通过盛大的酒宴得以平息。

8

狂欢至死

亚历山大凯歌高奏，回到了波斯帝国腹地。在那里，狂欢庆典接踵而至。在一场有奖饮酒比赛中，一名获胜者喝下 12 夸脱的酒并于三天后死亡。另有 40 名宾客因饮酒太多，以致在一场突如其来的暴风冷雨中因未能及时躲避而死亡。在另一场由 3000 名希腊演员助兴的盛宴中，亚历山大最亲密的朋友赫费斯提翁（Hephaestion）喝完一整壶酒后一病不起。赫费斯提翁死后，亚历山大陷入了真正的悲痛之中；他拆掉了邻近城市的城垛，屠杀了附近一个招惹是非的部落的全部成员；未能治愈赫费斯提翁的医生也被钉上十字架。赫费斯提翁不仅仅是他的一个朋友，也是随他一起征战波斯的伙伴，像亚历山大一样，他也经常穿着波斯长袍。在克雷塔斯被刺死后，赫费斯提翁曾帮着平息了亲希腊派将领引发的内讧。

现在亚历山大成了孤家寡人：作为波斯的王中之王，他没有一个朋友。之前的一位马其顿伙伴骑兵邀请他参加一场通宵狂欢宴会，并在第二天晚上继续狂欢。亚历山大醒来后身染风寒，病情不断恶化，最终不治身亡。

毫不夸张地说，这当然是酒精中毒，就像他的故友们一样，亚历山大也是狂饮到死。

最后，我们从一尊被认为和亚历山大十分相像的雕像中来看一下他的精神状态。我们会对他的长相感到吃惊吗？这尊雕像出自他最喜爱的雕塑家之手，雕刻的肯定不是青年时期的他，而很可能是远征回来后生命最后几年中的他。他从留胡须的同时代人中脱颖而出，因为他一直没留胡须。亚历山大个子虽然不高，身体却很壮实，脸和脖子略微有些扭曲。他去世时年仅32岁。他是英年早逝吗？如果我们将他视作一名年老的运动员，16年来一直从事着最激烈的运动，那么他正好到了一名专业运动员由于受伤太多而不得不退役的时候。亚历山大几乎在每一场战役中都受过伤，有时伤势还很严重；他的腿部受过伤，头部和颈部遭受过棍棒打击，另外他还曾多次中箭，箭头刺穿了他的骨头，必须从他的肩部、大腿和胸部移除，其间的过程痛苦不堪。亚历山大的伤病日积月累，而且当时也没有类固醇可以延长他的“运动”生涯。

·为什么亚历山大睡眠状况良好，但拿破仑却从不睡觉？

拿破仑精力十分充沛，一天工作 20 个小时，作战时他每次睡眠时间不超过 15 分钟。亚历山大的情况则完全不同。亚历山大自诩在大战来临的前一夜睡得最好，以至于帕曼纽必须在他们参加最伟大的高加米拉战役前摇晃他三次才叫醒他。这一点完全可信。亚历山大是一个肌肉发达的人，比拿破仑要强健得多，他在剧烈运动后很容易困倦。

拿破仑和亚历山大这两个人谁是更好的将领呢？我们可以想象，如果拿破仑在古战场上和亚历山大较量，拿破仑将会显得特别弱小而无法成为一名指挥官。但在现代战场上，亚历山大则可能是一个野蛮人，他的骑兵部队可能会遭到拿破仑炮兵部队的毁灭性打击。也许他就是拿破仑在埃及或叙利亚歼灭的一名当地士兵。

这两个人都有很高的情感能量：他们充满自信，他们的情感能量同时也感染着其他人。不过，他们传播情感能量的方式则有所不同。拿破仑的精力主要集中于他的指挥网络中心，各项行政事务和各个打仗环节他都事必躬亲。在亚历山大那个年代事情则要更加简单，管理层的等级区分只是象征性的；战前准备也很简单，与其说是亚历山大指挥部队，不如说是他发动进攻时身先士卒，迸发出一股能量，敌军在这股能量面前魂飞魄散。

概要：英雄领袖之所以得名是因为他们是能量之星。作为中心人物，他们将自己的情感能量倾注到集体行动中。当然，他们倾注能量的方式不尽相同。拿破仑竭力激励各级官兵，军队在战场上调动神速。亚历山大则通过王者的霸气、雷霆般的愤怒和宽广的胸怀树立威名。如今，除了游击队或街头帮派的头领，再也没有人会像亚历山大这样行事。拿破仑则向我们展示了更加现代化的管理风格，开始走向诸如乔布斯这样的当代企业领袖的道路。

经典案例

酗酒者和工作狂

大多数知名的人生赢家都是工作狂。拿破仑、恺撒和乔布斯都是这一类人。山姆·沃尔顿和迈克尔·柯林斯，以及很多其他人也都如此。但在这之中亚历山大则是为数不多的酗酒者。

拿破仑不喜欢在吃饭上浪费时间。战争期间，他吃的都是最简单的部队食物。和平时期，他吃饭时狼吞虎咽。他成为皇帝后曾主持过正式的晚宴，但他觉得很无聊。具有讽刺意味的是，有一种白兰地以他的名字命名，还有一种糕点也叫“拿破仑”，但这些名字都是在他去世后很长时间出于商业目的考虑才创造出来的。他并不是一个清教徒，但却只是出于礼貌才和别人喝一点酒。他饮食清淡，喝酒很少，这也是他需要极少睡眠的原因之一。

相反，因为喝酒太多，亚历山大的睡眠时间很长。

恺撒大帝很少浪费时间。他总是在做一些事情，把各种政治运作、军队、外交、筹款、树立自己的威望等活动联系在一起。虽然道路崎岖，他却能在颠簸的战车上入睡，醒来则会抓紧时间与侍从讨论工作。他的饮食极其简单，这一点并不令人惊讶。他会嘲笑那些抱怨伙食差的军官。他也很少喝酒。

恺撒在大部分时间都显得与众不同。他的副官马克·安东尼更像亚历山大。安东尼也是骑兵部队的领袖。据说内战期间举行酒宴时，听闻敌人即将到达他们的军营时，他和骑兵们一起上马并肩作战，安东尼因此为人们所熟知。恺撒和安东尼在掌权期间都曾访问过美丽性感的埃及艳后克娄巴特拉，而且她具有极强的政治敏感性。对恺撒来说，她只是另一个政治盟友。但对安东尼来说，她的意义就要远远超过政治盟友。当敌人到来时，安东尼和克娄巴特拉正在举行宴会。最后，安东尼溃败了。恺撒的侄子屋大维打败了安东尼，建立了罗马帝国，成为奥古斯都·恺撒（Augustus Caesar），像他的叔叔一样，他也是一个禁欲工作狂。

亚历山大自制力非常强的一个原因是他对性不太感兴趣。他拿朋友们的风流韵事戏弄他们，但他自己却似乎一直没有经历过情事，直到他23岁时帕曼纽给他找了一个被俘的波斯女人。普鲁塔克记录道，被俘的已婚妇女、国王的女儿和宫中的女人都“高挑而美丽”，但亚历山大却仍然讽刺道：“这些波斯女人多难看！”他看起来也不像是同性恋（尽管同性恋在希腊是很正常的事），因为他坚决拒绝了作为礼物送给他的两个漂亮男孩。亚历山大十分热衷于军事行动和危险的体能活动，他更喜欢猎杀狮子。他很有可能是将女人视作危险的纠葛、纷争和暗杀的根源。他早就通过观察自己的父亲学到了这一点。亚历山大的婚姻纯粹是一场政治安排。

乔布斯相当禁欲。他是素食主义者，从不喝酒。他是一个典型的工作狂，对产品的细节极其苛刻，他要求他的团队也和他一样追求极致。但对乔布斯来说，将工作狂等同于焦虑强迫症是错误的，因为他一向乐观向上。他的乐趣在于一整夜和自己的灵魂伴侣热情地谈论他们对未来的想法。他没有装腔作势，他们的确有令人热血澎湃的想法。和其他优秀的领导人一样，他从未试图将自己对饮食和饮酒的节制强加给别人。他会带着自己的核心团队外出旅行，比如在海滩度假胜地旅游，伴着嘈杂的音乐通宵狂欢。外出旅行是一种忙里偷闲的行为，尽管集体狂欢时也可能会讨论公司的将来。

当乔布斯带着自己的团队外出时，每一次聚会似乎都很成功。公司聚会或公司野餐已经成为一项非常重要的制度，但我们要知道，聚会有时会很成功，有时也会失败。聚会的目的是要鼓舞士气，但很多聚会都很单调，效果一般。成功的聚会与失败的聚会之间的差别显而易见，你会在聚会开始的几分钟内就感受到这一差别。不成功的社交聚会无法把大家凝聚在一起，相反只会让人觉得虚假。这样的聚会非但不能鼓舞士气，还会削减士气。

无论是在工作中还是在特殊的庆祝活动中，只要志趣相投、同心协力，最终就能产生情感能量。举办聚会不单单是为了激发成员的情感能量，关键是整个团队是否拥有能够激发大家情感能量的愿景。

因此，酒精或其他一些改变情绪的物质并不是关键。酒精可能是其中一个原因，但它本身并不能决定喝酒是否会将大家团结在一起。

耶稣是有史以来最有魅力的人之一，他以举办充满激情的聚会闻名。这在当时是一个有争议的问题。“施洗的约翰来，不吃饼，不喝酒，你们说他是被鬼附着的。”耶稣回应道，“人子来，也吃也喝，你们说他是贪食好酒的人，是税吏和罪人的朋友。”（《路加福音》7：33—35）这是耶稣招纳贤士的技巧的一部分。他有自己的方法，不是面向富人和自以为是的人，而是在普通人乃至流放者之中招纳门徒。

在他的任务即将开始时，耶稣参加了一场婚礼，宾客云集，酒瓶很快就空了。他命人给酒瓶装满水，于是客人们喝得更醉了。福音书的作者对饮酒有所了解，他对此评论道：与大多数宴会不同，最好的酒留到了最后（《约翰福音》2：10—11）。酒桶里残留的酒渣可能余味犹存，人们的热情则让自己变得更加陶醉。有心的社交聚会常客知道，陶醉在喝酒的氛围中要比单纯地摄入酒精更好。

狂欢者和工作狂所处的环境不同，其领导风格也不同。将亚历山大和耶稣相提并论是很奇怪的，但是他们都依赖于一支团结紧密的团队，其团队成员愿意为对方牺牲自己的一切。他们的组织非常简单，而且领导人都与他们最重要的追随者亲密地生活在一起。

另一方面，一个复杂组织的领导人则必须把许多部门团结在一起。如果他们合作默契并且获得成功，他们就会从完成这些事情的成就感中获得能量。暴饮暴食只会放慢他们的步伐。这样的领导人中最成功的是工作狂——但却是那些能用自己的热情感染别人的工作狂。

建议：不要和你不喜欢的人一起喝酒。举着一杯苏打水应付一下场面就够了。酒精可以暂时掩盖聚会中的不和谐，但却不会持续很久。

保持饱满的情感能量。

第四部分

大获全胜的 11 条原则

1

从成功的社交互动中获得情感能量；避免导致能量枯竭的社交互动

情感能量是一种身体与精神的能量。高情感能量表现为自信、激情，以及充满主动性。低情感能量则恰恰相反，表现为犹豫、沮丧、被动、萎靡不振。与他人的每次社交互动都会对你情感能量的提升或降低产生影响。高情感能量的人往往得益于一系列成功的社交互动。

拿破仑几乎不怎么睡觉，因为他充满了情感能量。他每天的经历都会令他兴奋不已。

高情感能量的人并非生来如此。他们通过成功的社交互动技巧来建立情感能量。他们并不只是重复鼓舞士气的口号，而是每天都在通过实际行动来增加自身的情感能量。

减少你的情感能量损耗。要么将消耗情感能量的互动转变为获得情感能量的互动，要么尽可能地将它们从生活中剔除。不要把时间浪费在让你失望的问题上。但首先要试着看看你是否可以把它们变成获得情感能量的情况。

2

留心微观互动中的和谐与冲突

成功互动的第一个要素是让人们关注同一件事。魅力十足的领导者很快就能让人们专注其中。他们不会把时间浪费在那些注意力不集中或转向别处的人身上。他们一刀见血，直击要害，并会看透那些或咄咄逼人或躲躲闪闪或装腔作势的人。

第二个要素是建立一种共享情感。只要它能产生反响并引起所有人的注意，你开始时是何情绪并不重要。一个富有魅力的领导者常会以突然责难为开始。乔布斯会通过羞辱他的团队一直在做的工作来做到这一点，但他并不会到此为止。他的下一步是让团队反复争辩，因为这会增加强度并让每个人都参与进来。乔布斯擅长将愤怒情境转变为最终会产生相互共鸣的情绪。

强烈的初始情绪有助于让所有人都集中注意力，但随后它必须转向共同的愿景。在会议结束时，人们应该从他们共享的情感中获得力量。

拿破仑在对手面前自信满满，积极乐观。他的自信并非只是来自口号；他的军队在作战技术上确实要比对手更胜一筹，他确保他的士兵知道赢得胜利需要具备什么。恺撒大帝在压力之下表现得十分平静。他临危不乱的心态源于他期待在战斗中敌人总是会出现失误，而他则只需静静地观察并等待时机到来，准备用经验来弥补不足，若有必要，他本人也会亲临险境并毫无惧色。使一个团队群情激昂有很多方法；但殊途同归，这些方法都能成功地引导团队专注于实现自己的既定目标，并彼此相互鼓舞。

有魅力的人总是善于观察细节。他们能辨别出人们是否一拍即合；他们也知道如何让人们一拍即合，并且绝不会让他人烦扰自己从而浪费时间和情感能量。

虽然宗教领袖不在本书的范围之内，但耶稣让人们努力实现同一目标的方式、他参透人们动机的方法，以及他舍弃轻浮之人的态度，都令人印象深刻。

3

通过激励团队来激励自己

成功人士会激励与他们交往互动的人，然后他们再从团队中提升自己的情感能量。如果你的日常生活中充满了这种积极的反馈——从自我到他人，再回到自己——你就将能量满满，走向成功。

4

向目标进军，途中琐事不会令人厌烦；成功人士没有无聊的人生

拿破仑非常善于倾听。他对那些在战场上给他带来坏消息或好消息的信使并不会大发雷霆或喜形于色，而是会反复掂量他们的话。每天都有官员和科学家汇报正在进行的项目，对所有人而言，这都是一个振奋人心的时刻。拿破仑的问题总能触及关键点并推动项目的进展。拿破仑对细节的记忆令他的追随者惊叹不已。这些专业性会议富含共享情感，而富于情感的想法则最容易让人记忆深刻。

恺撒大帝会亲自询问来自敌方的侦察兵、间谍、俘虏和逃兵。这是他收集情报的方式，他通过关注细节来判断：他们的故事是前后一致、摇摆不定还是相互矛盾？这些人的话听起来是合情合理还是破绽百出？每个细节对他来说都有意义，因为他正在构建一个军事和政治形势图。恺撒可以迅速而果断地采取行动，因为他知道自己要去哪里；而他的对手则往往会因盲

目的一时兴奋而迷失方向。

乔布斯非常注重苹果产品的细节，包括技术和设计。他羞辱别人、与人争吵和辩论始终都是围绕细节展开。他希望团队中的每个人都能走在最前沿，在微电子世界中，细小的差异也会被放大成为巨大的优势，新颖的配置可能会取得重大突破。他也非常在乎消费者对产品的看法：产品看起来很笨拙还是很酷炫，太沉重还是太轻薄，或者因为什么而喜爱它。

对大多数人来说，细节很是无聊。而这也就是让他们成为局外人的原因所在。业内行家知道哪些细节有所不同。对他们来说，细节是最大的挑战所在，也是成功的秘诀所在。就像游泳冠军喜欢训练一样，因为这些细节精确的动作会让他们有一种胜利在握的感觉，鼓舞人心的团队领导者也会深入了解细节的核心并阐释它们的重要性，这是终极的业内体验。当细节不仅仅是例行公事，而是带有一种会在整个团队中产生共鸣的共同情感时，这些细节就是蕴含着情感能量的细节。它们是我们团队发展的愿景。

成功人士没有无聊的人生。

5

在成人世界里提前奋斗：摆脱资历和官僚等级的束缚

大多数大赢家都是从年轻时就开始创业。有些人在年轻时取得了成功，从此便蒸蒸日上。而其他人如恺撒、沃尔顿、宜家创始人坎普拉德等则用了多年时间才走上事业巅峰。但他们都是早早就开始在成人世界里奋斗了。这意味着在成人政治或商业冒险中要抢占先机，年纪轻轻就依靠自己成为企业家，或者至少是要掌握本行业的入门诀窍。

想象一下，亚历山大或拿破仑在 16 岁时带兵作战，如果放在今天人们会说些什么。他们生活在没有童工法的年代。现在人们会把他们称作青少年，我们将会尽最大努力使青少年的所作所为与他们的年龄相符，将他们置于成年人的监督下，让他们受到鼓舞，从官僚阶梯的底层一步步向上爬，亦步亦趋。难怪青少年会不负责任地行事，因为是我们不允许他们承担任何责任。

每个人都必须遵守我们的分级学年制度（其文凭和证书的先后顺序决定了下一轮的考试和文凭，以及最终进入等级森严的官僚机构工作），这并非不可避免。在过去的 40 年中，大多数在 IT 界取得巨大成就的人，一旦看到了可以崭露头角的商业机会，就会放弃学业，转而创业。

在学校的学历序列中有如此多的压力，以至于现在大多数年轻人至少都要接受大学教育。这并没有什么错，如果有人为你支付学费，你可能更会欣然接受。另外，如果你今后从事的是中层官僚职业生涯，你所接受的大学教育也一定会给你带来回报。

但是，如果你想成为一个大赢家，那却不是一条最佳道路。一个更好的建议是：当你看到一个巨大的机会对你敞开怀抱时，你就要跳过去抓住它。

6

在小处发力，但要有做大做强的长远目标

历史上没有一个大赢家从一开始就会与最强劲的对手进行较量。自身实力的增强来自一系列的成功，在小处发力，这是在你刚开始经营小团队时能够轻而易举做到的事情。

山姆·沃尔顿并不是在大城市的大型连锁店中创立的沃尔玛，他的创业地点选在了阿肯色州的农村地区。在这里，他的竞争对手是夫妻店，这些店所售的商品种类有限，而价格却不低。这是一个创立折扣连锁店的好机会，因为没有人认为那里有足够的业务。另外，“婴儿潮”也推动了沃尔玛事业的腾飞。

从乡村地区开始自己事业的好处是，早期的错误和挫折不会损害你的声誉。拿破仑在科西嘉岛获得了他的第一次军事和政治经验，在那里，他的家族地位让他在亲法派系中获得军事指挥权。他在一些小规模战斗中获胜，但却不得不逃到法国。而正当一些人在断头台上被处决时，他又所幸不在法国。拿破仑没有卷入政治纷争（那对刚刚开始职业生涯的拿破仑来说可

谓是灭顶之灾），而当时正急需军事人才，拿破仑因此而成为一个幸运儿。

亚历山大的情况也是如此：虽然他继承了他父亲的军队（那是世界上最好的军队）并准备征服波斯，但他作为20岁的总司令做的第一件事却是抗击北方野蛮人。那是一次“牛刀小试”，他轻而易举地就赢得了胜利并从此确立了他勇不可当的声誉。在走向全世界之前，“宜家”发端于瑞典；乔布斯通过提高专业化水平与“家酿计算机俱乐部”相抗衡，就此开始了他的职业生涯。有些大赢家很快便能打下基业，有些人的进展则会慢一些，但他们的鸿基伟业都是始于地区性小规模竞争。

相反，如果你从一家占据主导地位的大公司开始自己的职业生涯，你将会需要很长时间才能达到顶峰。你所学到的是在这个领域能派上用场的组织能力和官场经验。但是，名利双收的最大赢家则往往会独辟蹊径，他们从很早的时候就学会了掌握自己的命运。

7

大决战中才有大交易：观察对手，发现弱点，施行情感支配

恺撒有一句名言：“我来，我见，我征服。”（*Veni, vidi, vici.*——I came, I saw, I conquered.）然而，人们对这句话理解得尚不够深刻。“我来”不言而喻；“我见”指的是：作为首要之事，恺撒眼观六路、耳听八方，向手下抛出问题，确认有关敌军、盟军和各方政局的情报信息；“我征服”：确定了敌军的弱点后，剩下的事情自然就会手到擒来。

亚历山大在这方面的技巧主要是在战场上。他通过打败比自己强大的敌人而声名远扬。他冲在自己重骑兵的前列，寻找敌人阵地中的一个位置，在那里他可以突破并让其余的部队陷入混乱。他直面敌军统帅，敌阵开始摇摆退缩的地方就是他要发动攻击的地方。敌方让士兵通过陡峭的河岸来保护自己，这恰恰暴露出敌人的弱点：想躲在隐藏身体的障碍物后面。一旦他摧毁了敌方将士的信心，他就实现了对整个战场的情感支配，

收拾溃逃的军队便易如反掌。

当一个组织的成员不再相信其他人会支持他们时，他们就会变弱。这与高情感能量相反。在一场战斗中，一方的情感支配迫使另一方的情感能量崩溃。

成就商业生涯的重大事件也有类似模式。输家遭受了巨大的损失；赢家的成本很低，最终获得巨大收益。这种情况需要仔细观察竞争对手，等待他们受到经济或政治条件的威胁，或者是等待他们陷入财务困境。在对抗已经失去方向感的对手时，你就可以拿出法宝——发挥情绪优势，即一种不可抗拒的信心和能量流。有时它会如春风细雨般地到来，有时它也会急剧地爆发。但无论是哪种方式，情感支配都是胜利的关键。在战争或商业竞争中，情感支配要胜过体能和物质经济利益。

8

通过情感能量建立内部圈子和盟友网络，通过情感支配建立交易网络，通过集体兴奋建立声誉网络

建立人际网络比仅仅参加大量聚会或与人会面更为复杂。想要真正获得成功，你需要构建三种人际网络。

·通过情感能量建立内部圈子和盟友网络

这是第 1 条至第 4 条原则的应用。你需要与将要密切合作的人频繁互动并相处融洽。这需要你仔细观察细节，寻求与自己志同道合的人，摒弃与自己不合拍的人。这意味着要将你所认识的人与你所掌握的知识结合起来，通过情感转化为你自己的技能和知识结构。这意味着要建立具有相同愿景的人际网络。

· 通过情感支配建立交易网络

这是第 7 条原则的应用。瞄准重大事件、大规模战斗、一切都处在岌岌可危的当口，你也就做好了赢得胜利的情感准备。与共享情感能量网络构建风格（这种风格更令人愉悦）不同，这里的事情取决于更严格的情感支配技术。如果你不能或不想这样做，至少也要了解其他人的情感支配技巧，以便你知道该如何应对。（参见第 9 条原则中比尔 · 盖茨的策略。）

· 通过集体兴奋建立外部声誉网络

一旦你因成功而获得名望，外部声誉网络就将随之形成。需要注意的是：这是最难掌控的网络。不过如果你在其他两种网络上做得很好，你在这方面应该也能做到得心应手。

9

重量级关系网络很危险：可能产生波动

重量级关系是指与另一个同样具有高情感能量、技能和知识的人之间的关系，并且与其他重量级人物有更多联系。当两个重量级网络相遇时，有可能发生大事（包括好事和坏事）。根据第 7 条原则，要想成为一个大赢家，你需要密切关注对手，无论是建立同盟、利用他们的弱点，还是模仿他们的优势。

比尔·盖茨可能是唯一能与乔布斯进行面对面较量的人。他理解乔布斯的情感支配策略——羞辱他人、勃然变色、闲聊或者风暴平息后的长时间散步。随着对方的情感变得愈加强烈，盖茨的情感策略却是变得愈加超然。他左右逢迎，但却始终关注他想要学习（或者也可说是想要窃取）的技术秘密。

IT 行业中财富的巨大逆转往往发生在这些重量级人物的交锋之中。对高层政治来说，情况往往也是如此。

10

运气总是在变革之际来临；站在最有利的平台上先声夺人

成功总是会伴随一些幸运因素。获得一次重大突破。遭遇沉重打击。生不逢地或生不逢时。

让我们跳出自身来看更大的格局，而不是仅仅着眼于自己的运气好坏。一触即发的重大社会变革往往会催生伟大的事业。谁能在这些变革中心建立一个高情感能量网络，谁就会取得巨大成功。法国大革命后的拿破仑经历了血腥的内战时期，并随时准备使各地的军队和政府现代化。第二次世界大战后房地产行业异军突起，宜家恰好赶上了一个人们可以低价购买家具的新市场。乔布斯所处的时代更是众所周知。

实用的建议：找到一个重大的社会变革正在蓄势待发的地方。如果你已经在那里，很好，正如乔布斯在硅谷长大一样。如果你不在那里，那就到那里去。

亚历山大继承了他父亲的军队，获得了最有利的平台。乔布斯通过招募志同道合的伙伴组建了最先进的高科技组织。山姆·沃尔顿身处乡下，但就第 6 条原则而言，这实际上却是一个优势。

11

意识形态领域的僵化妨碍了成功；别人的僵化正是你的机会

最好的将军知道什么时候该减少损失并进行和平谈判。艾森豪威尔将军曾在二战中保持了盟军的团结，他看出美国在朝鲜战争中已经陷入了代价沉重的泥潭，于是结束了战争。越南战争是一场漫长的噩梦，但在战争结束的30年后，世界市场迎来了普遍的繁荣，这是因为意识形态发生了变化。

意识形态僵化意味着将抽象原则和情感口号视为比人类现实世界更重要。太正义、太恐惧或太想复仇的心理都会带来不好的结果。大赢家的成功不是因为他们不切实际。他们的成功源于他们比其他人有着更敏锐的观察力。

拿破仑的革命从根源上革除了教会和贵族势力的弊端。但他也看出法国共和派对教会的敌意是法国政治斗争尖锐化和派系化的原因之一。在这种情况下，他与教皇达成协议恢复天主教（尽管赋予他们的特权较少），因为这是实现社会和平的务实举措。由此拿破仑也变成一个颇具争议性的人物：他究竟是革命者还是保守派？答案是两者兼而有之。拿破仑的妥协政策达到了双赢效果。

像亚历山大一样，恺撒从不对人耿耿于怀。战败的敌军将士，只要他们英勇奋战，就会被邀请加入他的阵营。这种做法固然可以壮大军事联盟，但也不是说就不会有问题。亚历山大的军队分裂成为波斯帝国的忠诚拥护者和希腊的忠诚拥护者，他们的斗争最终使他丢了性命。尽管如此，历史上著名的赢家还是都会尽力将联盟发展壮大，而不是限制联盟的规模。

心怀宿怨是商战的大忌，商战的结果很大程度上取决于你如何对待自己的竞争伙伴。强硬的手段甚至背叛都是取得巨大成功的部分原因，因此不能对竞争伙伴心怀宿怨；反过来讲，获胜者必须将过去的胜利抛下才能继续前进。最大的赢家比任何人都能更快地看到这一点。

在想要成为大赢家的人看来，很多人的思想都很僵化，尤其是他们不清楚自己的敌人是谁，而这一点也并非全是坏事。其他人的僵化恰恰是你的机会。

附录

知道你在哪种舞台竞技

大获成功的原则在不同的领域也会有所不同。只有知道你在哪种舞台竞技，你才能清楚如何应用这些原则。

·战争

这 11 项原则显然适用于历史上的成功。那么，它们今天还适用吗？主要的变化体现在第 5 条原则。亚历山大和拿破仑可以从年纪轻轻就执掌军队，因为当时的军队比现在要少一些官僚主义。学校、考试和教育证书都是现代生活日益官僚化的一部分。拿破仑可以在 9 岁时开始学习成为一名军官，16 岁时他就在野外指挥部队作战，并在26岁时拥有自己的军队。而今天，在 50 岁之前几乎没有人能成为将军。如果你想年纪轻轻就大有作为的话，军队并不是实现梦想的地方。

这一点至少对西方军队适用，尤其是在美国（军队中）

更是如此。游击队之所以对世界各地的年轻人具有吸引力，就是因为这类组织提供了一个无须等待就可以成为重要人物的机会。

·缔造商业帝国

这是 11 条原则适用的经典之地，现在它依然如此。

·政治和社会运动

这里是一个冲突最多的世界。每个人都在争夺地位，所以你的盟友就是你的对手。这在任何初选角逐中都非常明显。

此处适用的主要原则是第 9 条，以及关于声誉网络的第 8 条部分内容（即“重量级关系网络很危险：可能会产生波动”）。

随着在政坛或在社会运动中取得一些成功，你很容易被兴奋的人群所鼓舞。这里的危险是自我膨胀。这是成功的政治家和运动领导人经常陷入丑闻的另一个原因；他们开始觉得自己非常伟大，这样的事情不会发生在他们身上。

政治和社会运动要求你公而忘私，将自己奉献给一个事业、一个原则，只为实现他人的利益。只有当你年幼的时候，人们才允许你说“我长大后想成为总统”。当你参与政治活动时，你必须说你只想有一间办公室来为民众服务。与此同时，政治家日常的现实情况是争取民众支持和竞选资金，最重要的是博取公众的眼球。这不可避免地会使政治领导人带有“两面性”。

最好的解决方案可以参照第 2 条原则。尽量控制你的职业倦怠。不要假装成为那些你本来不是的人。为了获得保守的枪支拥有者的选票，通过在选举日之前让自己被拍摄到捕猎野鸭的方式似乎是一个好主意，但这样做常会适得其反，因为选民很快就会知道什么地方感觉不对劲。你想要的必须与选民想要的保持最大限度的一致。一个不通过操纵，而是通过一步一个脚印获得成功的政治家实在是太罕见了。

· 科学、学术与艺术领域

这些领域里的成功不同于军事和商业上的成功。第 5 条和第 6 条原则不适用。你不能跳过学历资质的序列，至少在科研人员、哲学家或社会学家的圈子里是这样。你不能从小团体开始，因为高水平成功的关键是要成为上一代著名研究学者的门生。这也是著名画家和音乐家的关系网络模式（至少古典音乐家是这样；流行音乐家也有自己的圈子，但他们的关系网络更宽松，不一定必须通过学校的资格认证过程）。所以虽然第 5

条原则说，当你获得真正商业成功的机会时可以越过教育经历和学历资质序列，但若你想成为科学家或学者，这一条并不适用。事实上，这是进入大学学习的最正当理由。

概要：如果说有一条原则要比其他所有原则更重要，那就试试下面这一条：探寻那些能够给予你无穷多正能量的地方。